ドイツ秘密兵器

WWII German Secret Weapons

広田厚司

潮書房光人新社

ドイツ秘密兵器——目次

第4章／海の戦い

ドイツ秘密兵器

****

謝辞
Acknowledgement:
Author and publisher would like to thank the following for assistance in the preparation on this book:
The Imperial War Museum, London, U.K., Royal Air Force Museum, Hendon, U.K., National Archives, Washington D.C., U.S.A., Library Congress, Washington D.C., U.S.A., Smithsonian Institution, Washington D.C., Deutsch Museum, Luftfahrtarchiv, Munich, Germany., Bundesarchiv, Freiburg, Germany and Mr. Jeff Pavey, U.K., Mr. Ron Murray., U.K., Mr. Edie Kampenskie., U.S.A.

****

飛行爆弾Ｖ１

【第1章／報復兵器】

ドイツ敗戦間際の1945年４月に米第１軍がハルツ山地ハレのノルトハウゼン地下工場で発見したＶ１飛行爆弾の生産ライン。Ｖ１は1944年から45年３月までに約16500基（諸説ある）が英国、オランダ、ベルギーへ発射された。

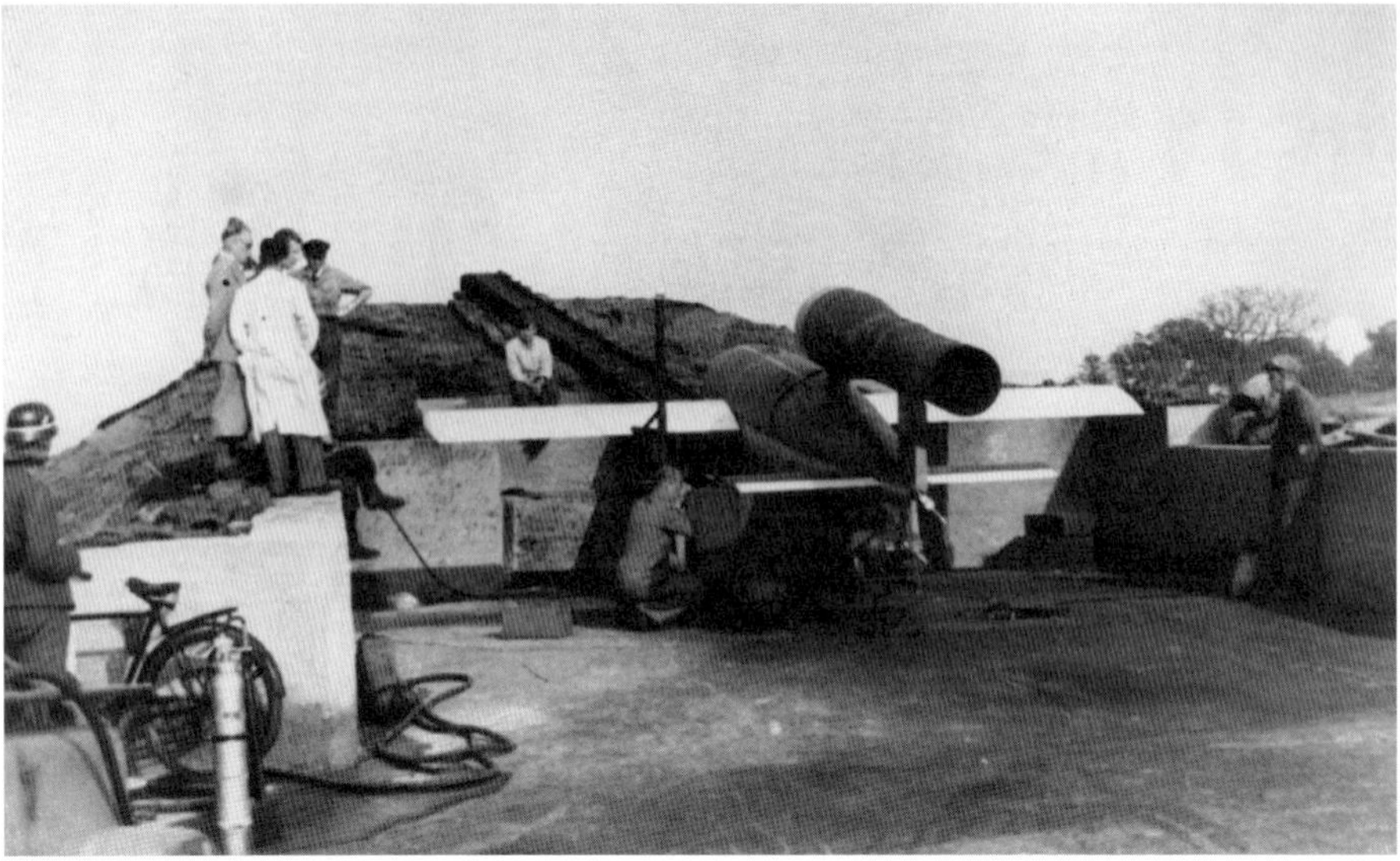

長さ4.57メートルの鉄製発射台上で飛行実験を行なうＶ１。1942年６月にフィーゼラー社で開発され12月末に試験飛行が成功し、実戦投入は1944年６月から行なわれた。

木製主翼をパイプ式に組み立て中のＶ１で上部のパルスジェット・エンジンは未だ搭載されていない。Ｖ１は75オクタン価の低質燃料を用いた安価な兵器だった。❷

組み立てが完了して発射台へ運ばれるＶ１だが、機体上部の支持架と垂直尾翼を利用したパルスジェット・エンジンの固定方法がよくわかる。

発射されたＶ１は先端部の小プロペラの回転数で飛行距離を計測した。しかし、空気密度が薄くなる高度2100メートル以上ではエンジン性能が急速に落ちる欠点があった。

飛行中のＶ１（ＦＺG76／Ｆｉ103）で時速480～672キロで飛行する。ワチテル大佐指揮する第155（W）対空連隊により英国攻撃が行なわれた。

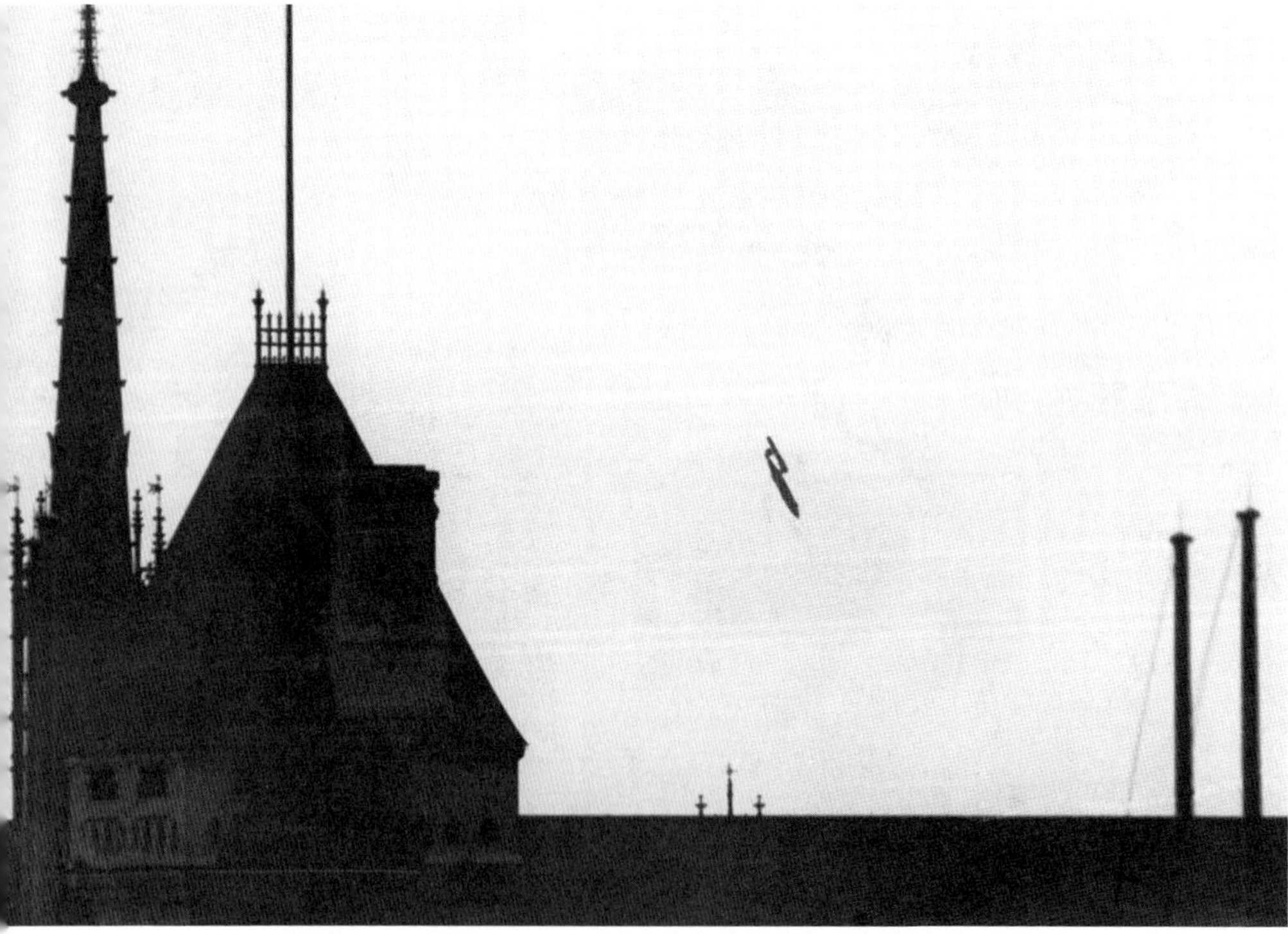

ロンドンへ落下するＶ１。弾頭は850キロの炸薬充填だが起爆方式は電気着発信管、機械信管、時限信管の巧妙なコンビネーションにより爆発精度は高かった。

Ｈｅ111爆撃機に懸吊されたＶ１で1944年９月からロンドンを狙い90機による空中発射が実施されたが地上発射にくらべると到達精度は悪かった。

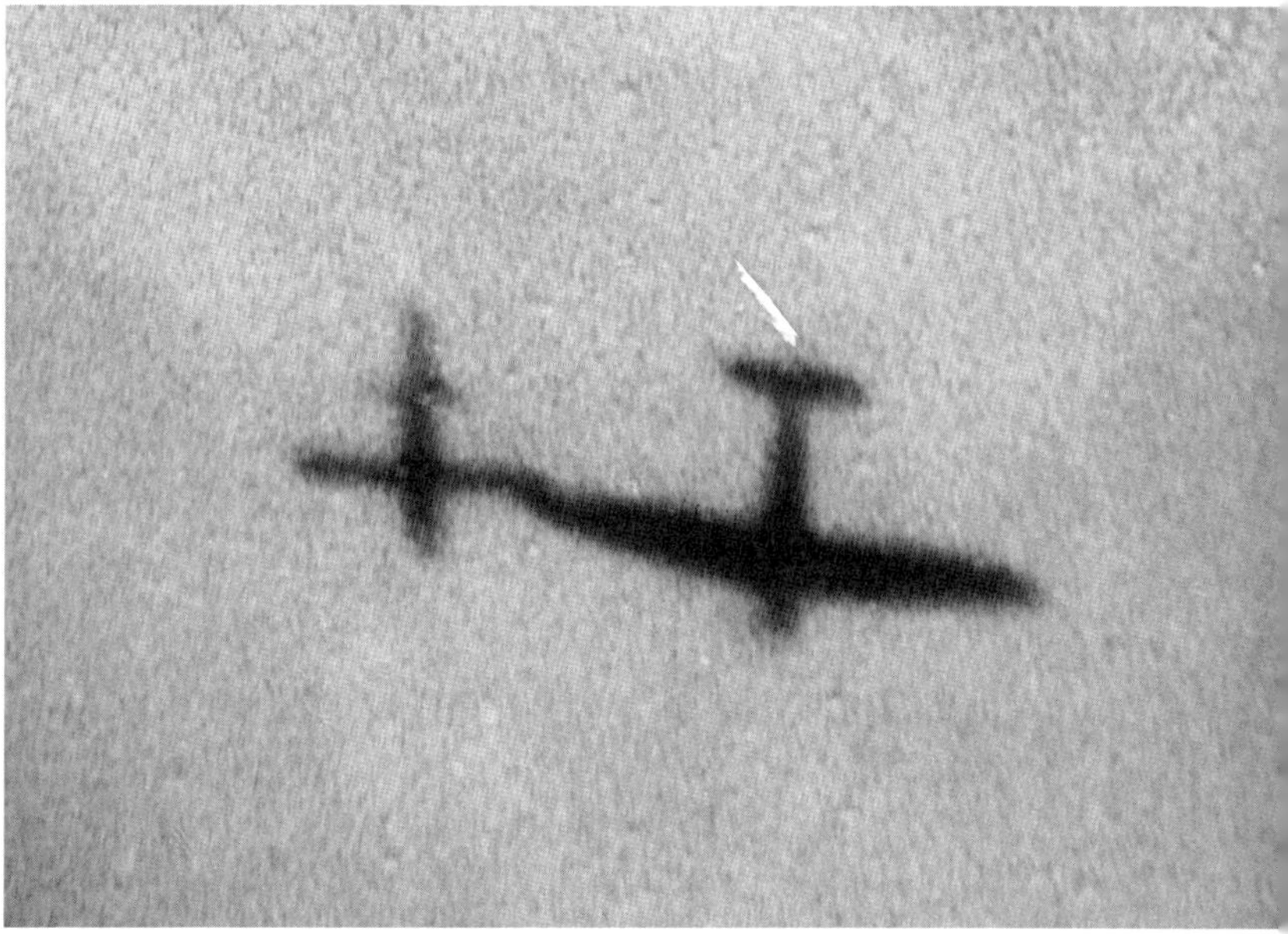

高度1000メートル付近で侵入するＶ１の多くが英空軍機により阻止された。写真はスピットファイア戦闘機が翼端でＶ１の翼を跳ね上げて撃墜している。

これはノルトハウゼンのミッテルヴェルケ工場におけるＶ１の生産ラインである。大小550社で分散製造されて主工場で組み立てるが約34000基が生産された。

Ｖ1（Fi 103/FZG 76） 概念図

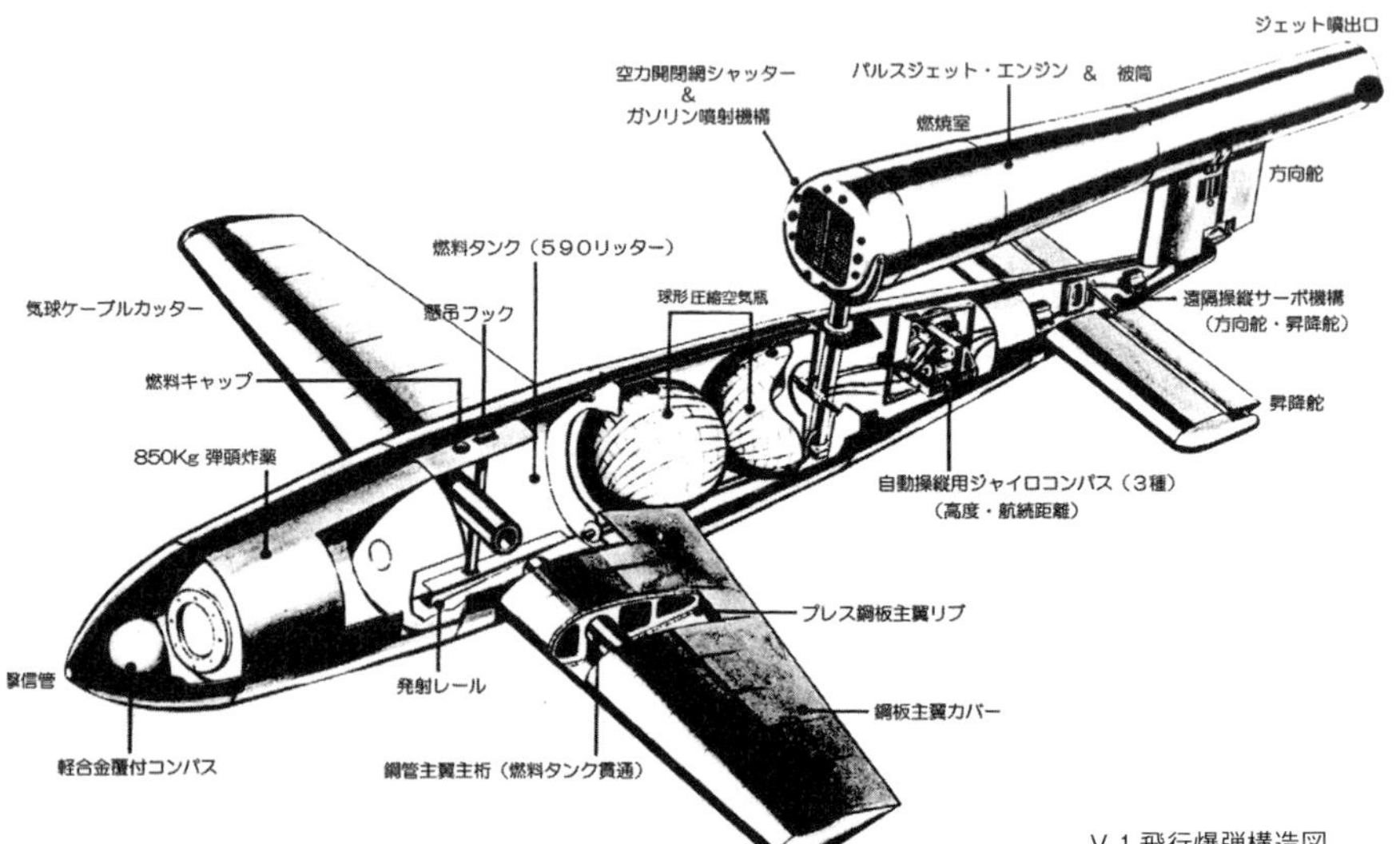

Ｖ１飛行爆弾構造図

飛行爆弾V1（Fi103）

一九四四年六月一三日の午前四時、英ケンティッシュ海岸で二人の防空監視員が、高度一二〇〇メートルで時速約四六〇キロの飛行体がロンドンへ向かったと報告した。これが、ヒトラーの秘密兵器による報復攻撃のはじまりだった。V兵器とはJ・ゲッベルス率いる国民啓蒙宣伝省のシュバルツ・ヴァン・ベルグがフェアゲルテンヴァッフェ（報復兵器）の頭文字を取って命名した。

V1（FZG76／Fi103）は無人飛行爆弾で砲弾型機体に飛行翼と尾翼を取り付け、一九二〇年代に科学者P・シュミットが開発した円筒形のパルスジェットを機体上部の支柱と尾翼上に固定搭載した。ジェット筒前端部にスプリング開閉式空気吸入スクリーンと後方にガソリン噴射装置と点火プラグがある。レール状発射台から射出されると風圧で開閉スクリーンが後方へ開き、連動弁により噴霧状ガソリンと空気の混合気に点火爆発して推力を得る。内部爆発圧でふたたびスクリーンが閉じるサイクルを一秒間に一〇回ほど反復して飛行する優れた推進方法だったが、いくつかの欠点もあった。

自力離陸はできず、時速三〇四キロ以下ではジェットが作動せず、速度調節もできない。また、高度二一〇〇メートル以上では空気密度が薄くエンジン稼働が不充分だった。加えて飛行三〇分から四五分経過すると燃焼熱で開閉弁が損傷するなど、制限を受けたが無人で安価な効果的兵器だった。

一九三八年にドイツ空軍省（RLM）はアルグス発動機製作所にパルスジェット・エンジン開発を委託した。他方、陸軍の大規模なロケット開発はペーネミュンデで進捗し、対抗上、空軍は一九四一年後半にフィーゼラー航空機会社の主任技師ルッサーにパルスジェット搭載機開発を要請し、翌四二年六月から飛行爆弾開発がはじまった。公式名は秘匿名称FZG76（飛行標的装置）で、フィーゼラー社ではFi103と呼ばれ、のちに英国ではバズボンブ（ぶんぶん爆弾）と称した。

アルグス社とワルター社開発のFZG76は四二年一二月末にペーネミュンデで初飛行に成功した。弾頭先端部にプロペラ回転飛行距離計測器と八五〇キロの炸薬を搭載した。燃料は七五オクタン価の六八二リットルの低質燃料搭載で、二基の圧搾タンクから空気と燃料を供給し、サーボ（遠隔操作）機構で主翼方向舵や尾翼の昇降舵を作動させて、ジャイロスコープで姿勢制御を行なう。電源は三〇ボルトバッテリーである。

飛行準備は燃料注入と圧搾空気の充填、磁気コンパス方位角調整とバッテリー充電後に、専用トロリーでコンクリートか鉄製の四・五七メートル長の傾斜発射台へ運ばれる。トロリー内の燃焼室でZ液（過マンガン酸カリウム）とT液（過酸化水素）の混合燃焼による高圧蒸気ピストン作動で射出されるが、すぐに時速四〇〇キロに達した。発射後、六分で高度九〇〇メートルを時速四八〇〜六七二キロで水平飛行するが、目標までの距離は先端のプロペラ回転数で計測し、予定距離を飛ぶと操縦装置のロックと燃料停止にて滑空で突入する。

衝突時の弾頭爆発の信管システムは巧妙な複数信管システムで精度は高く、着弾した二七〇〇基中の爆発失敗は四例だった。電気着発信管（EIAZ106）、機械信管

（AZ80A）、時限信管（ZZ17B）の三種があり、電気着発信管は発射後六四キロで弾頭の圧力板スイッチが起動する。また、着地の際、機体下面スイッチの不作動時は信管内部の慣性スイッチが作動した。加えて、電気システム損傷で信管不作動時は別の充電済み蓄電池回路で起爆させた。機械信管は電気着発信管の不作動時に命中角で作動する簡単な電気スイッチである。最後の時限信管は他の信管の予備で二時間以内の調整式だった。

Fi103は大量生産用の単純構造兵器で、機体は炭素量二・二五パーセント以下の軟鉄鋼板（のちに木製主翼）で、各部はドイツ中の業者五五〇社で分散製造されて主組み立て工場で完成した。最大組み立て工場はハルツ山地ハレのノルトハウゼン地下工場、ハンブルグ南西ダンネンベルグ、ブルンズビック北方のファラースレーベン、ヴォルフスブルグのフォルクスワーゲン、ステチン（シュチェチン）および、バルト海沿岸部のペーネミュンデだった。また、ノルトハウゼンのミッテルヴェルケは、強制収容所囚人を動員した奴隷労働による地下工場で陸軍のV2ロケット生産も行なった。

一方、フォルクスワーゲン社での初期生産分の数百基は主翼と機体欠陥でスクラップとなった。また、フィーゼラー社工場は爆撃と労働力不足で稼働が遅延したが、四四年中に二万四〇〇〇基、四五年初期から四月までに九五〇〇～一万基が生産された。

一九四三年にペーネミュンデでワチテル大佐指揮の第一五五（W）対空連隊の編成と慣熟訓練が行なわれた。ミルヒ空軍元帥の巨大な地下発射壕案と、フォン・アクセルム空軍大将らによる単純な移動式発射台案、そして、He111爆撃機からの空中発進攻撃が計画された。同年一二月に連隊が北フランスに展開したがV1は配備されず六月に連合軍がノルマンディ上陸を行なった。ヒトラーは英国への報復を命じたが、連合軍は建設中の数ヵ所の大規模発射基地を空爆で破壊した。だが、第一五五（W）連隊は六月一三日午前二時三〇分から一〇基を発射して六基失敗で四基は英国へ向かい、うち、二基はロンドン塔に誘導されたが逸れた。六月一五日午後一〇時に五五ヵ所から本格的な発射作戦が行なわれ、ロンドンへ二四四基、サザンプトンへ五〇基が発射され、一四四基が英国海峡を超えたが対空砲と戦闘機、火砲で二二基が破壊され、七三基がロンドン領域へ入り防空隊が一一基を撃墜し、他の多くはテームズ南方に落下した。また、小数のV1がサザンプトンに達して一基はノーフォークへ落ちた。

英国は防衛体制強化に努力し、六月二八日までに重軽砲一五一二門を動員してロンドン南東に展開した。加えて、四個モスキート双発戦闘飛行隊、八個テンペスト、タイフーン、スピットファイア飛行隊が配備された。V1は四四年七月中旬までに四〇〇〇基がロンドンへ発射されて七五パーセントの三〇〇〇基が英国へ到達したが、英空軍は追跡レーダーと近接信管砲弾で効果的な迎撃を行なって一二四〇基を阻止した。たとえば、サセックスからサフォークに至る英海峡沿岸部では八〇〇門の重対空砲、七〇〇基のロケット発射器と英空軍戦闘機が連携した。ドイツ空軍は四四年八月末までにHe111爆撃機の機体下にV1を懸吊し、警戒の薄い空域からロンドンへ三〇〇基、サザンプトンへ九〇基、ブリストルとグロスターへ二〇基を発射した。

他方、連合軍の進撃速度は早く、八月末に第一五五（W）対空連隊は北フランスのパド・カレー発射基地を撤収してオランダへ退き、同時に空中発射部隊も北ドイツへ撤退した。

第一段V1攻撃は九〇一七基中六七六三基が英国へ到達した。防空陣は四三九六基を破壊し二三六七基がロンドン周辺へ落下した。第二段攻撃は九月一六日から九〇機の爆撃機から空中発射されて九基中二基がロンドンへ到達した。四五年一月の地上発射は一二〇〇基で六三八基が英国へ達したが、四〇二基は撃墜されて六六基がロンドンへ落下した。

ここで、陸軍のV2ロケット（次項）攻撃が始まりV1発射は中断された。しかし、燃料増加で航続距離を三二〇キロに延伸してオランダの基地からロンドン攻撃が可能になった。つぎの四週間に二七五基が発射され、うち一二五基が北海を超えて英国へ向かい、九一基が撃墜され、一三基がロンドンへ到達した。最後のV1攻撃は四五年三月二八日午後一二時四三分にサフォークのオルフォードネスで撃墜されて終わった。

一方で連合軍補給港のベルギーのアントワープとリェージュへの攻撃が続行され、四四年一〇月下旬から四五年二月一六日まで、エッセン北東のボホルトから毎日一六〇基が発射された。同年三月二〇日の終了までに四八八三基が発射されて、二一一基がアントワープのドック付近一〇キロ内に着弾した。リェージュには一〇九六基が発射されて両市上空の対空砲が九七パーセントを撃墜したと記録される。

元来、V1は北フランス沿岸部からロンドン、サザンプトン、ブリストルの各地区へ飛行爆弾の雨を降らすことを意図して着弾精度は設計どおりだった。地上発射のV1は射程二〇〇キロ以内で五〇パーセントが目標の一二キロ範囲に着弾し、空中発射の場合は三八キロ範囲で精度が落ちた。V1はいくつかの理由により決定的兵器とはなり得なかったが、アイデアと抜きんでた科学技術による脅威の秘密兵器の一つだった。

誘導弾V２

発射準備中のＶ２（Ａ４）と機動化された支援車両群だが、電源車、アルコール水（Ｂ液）と液体酸素（Ａ液）を運ぶ燃料車が見える。これは戦後、クックスハーフェンで英軍の実験飛行時の撮影である。

1941年にペーネミュンデにおけるＶ２ロケット開発の中心人物ヴァルター・ドルンベルガー大佐（中央、のち少将）と軍需大臣フリッツ・トート大将（左）である。

Ａ４が完成するまでにＡ３、Ａ４ｂ、Ａ５など多くの実験機の技術蓄積が利用された。写真はＡ４の滑空能力向上型で２基だけ製造された主翼、尾翼実験機のＡ４ｂである。

ペーネミュンデ実験場の第７発射台から射出されるＡ４でアルコールと液体酸素の燃焼で推力25トンを得て最大時速は2900キロだった。

弾頭付近の制御区画を開いて無線操縦装置と信管を点検する発射準備中のＶ２だが左側面に整備作業用の梯子状のメイラーヴァーゲン・クレーンが見える。

右端は液体酸素タンク車だが白い特殊なホースでＶ２（Ａ４）ロケットへ推進燃料の一つである液体酸素を供給している。左端のＶ２の尾部燃焼室付近で要員が作業をしている。

1944年11月にロンドンを襲ったＶ２の爆発現場である。Ｖ２の炸薬量は975キロでＶ１より少し多い程度だが心理的恐怖をあたえる点では大きな効果があった。

1945年４月にノルトハウゼンの地下工場で米軍に発見された製造中のＶ２で、ラッパ状の管はロケット燃焼室で米兵の立つあたりにタービンポンプ器機類がある。

Ｖ２の最大組み立て場のひとつだったドイツ中部のクラインボドゥンゲンで米軍の手に落ちた組み立て中のＶ２。約10000基が生産されて、うち1359基が英国へ発射された。

クラインボドゥンゲンへ貨物列車で運び込まれて組み立てを待つＶ２ロケットの部品で、米兵の足下左側は燃焼室、さらに左側に損傷した機体多数が見える。

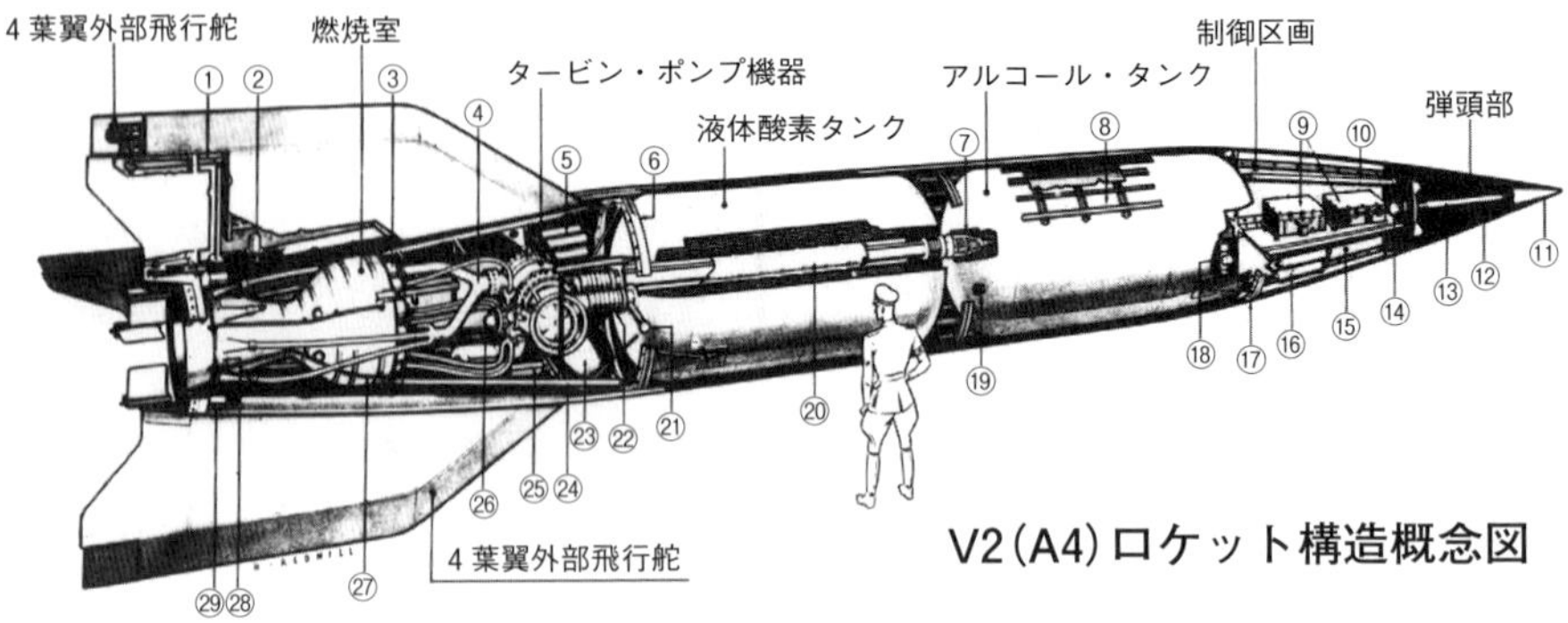

V2(A4)ロケット構造概念図

① 操縦ロッド
② 電動モーター
③ 噴射管
④ アルコール供給管
⑤ 圧搾空気タンク
⑥ 後部結合部
⑦ サーボ作動アルコール弁
⑧ ロケット本体構造
⑨ 無線セット
⑩ アルコール管
⑪ 衝撃起爆信管
⑫ 炸薬
⑬ 衝撃起爆管
⑭ 電気信管
⑮ 合板フレーム
⑯ 液体窒素瓶
⑰ 前部結合部
⑱ ジャイロ操縦装置
⑲ アルコール注入部
⑳ アルコール供給管とポンプ
㉑ 酸素供給部
㉒ 接合部
㉓ 過酸化水素タンク
㉔ タービン・ポンプ架
㉕ 過マンガン酸タンク
㉖ 酸素供給管
㉗ 冷却用アルコール管
㉘ アルコール吸入管
㉙ 電動サーボ・モーター

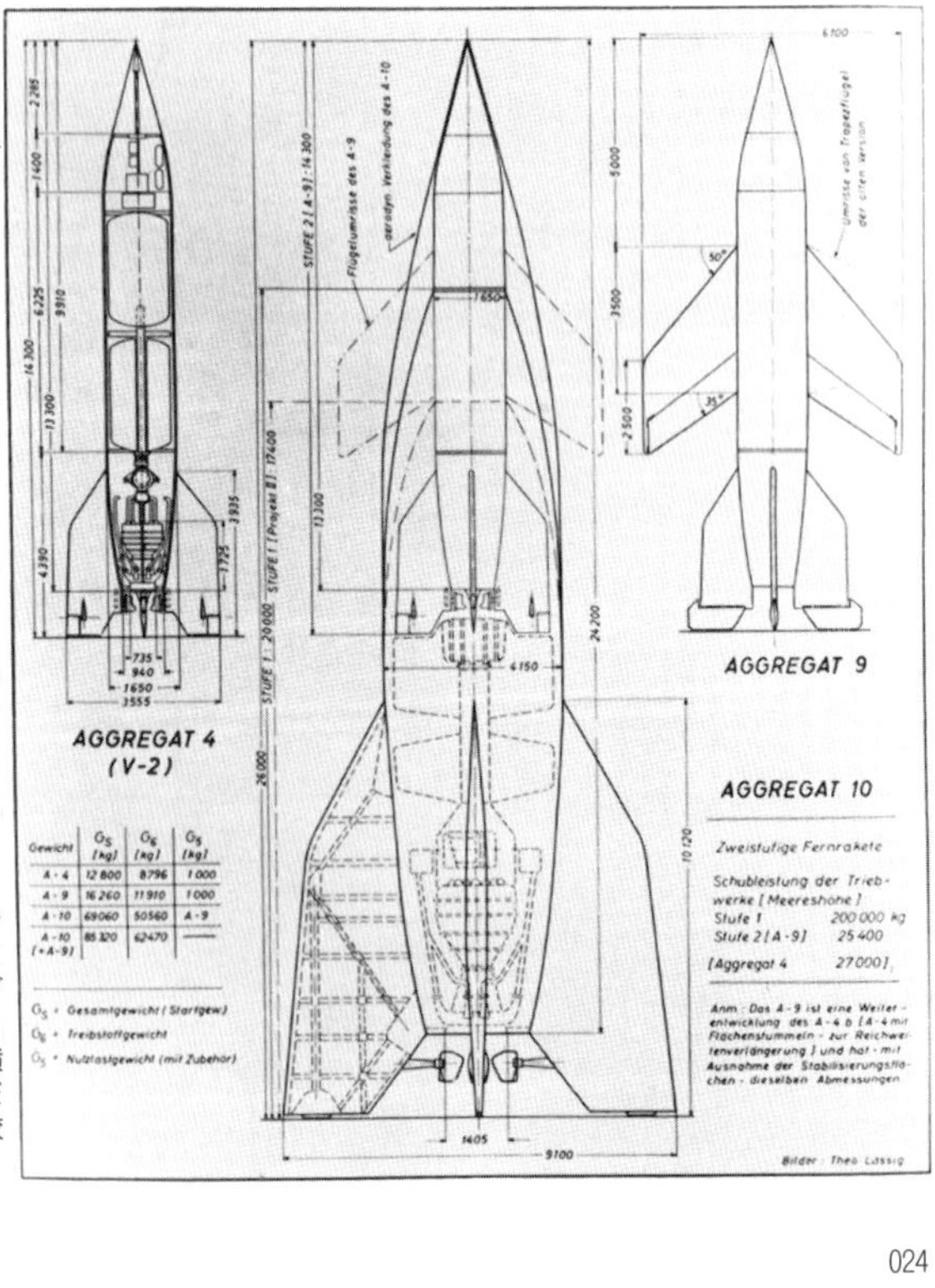

左端はA4（V2）で右端はA4bをベースに発展させたA9だが中止された。中央は2段ロケットの大西洋横断米国攻撃用のA10だが3種のサイズの比較がよくわかる。

誘導弾Ｖ２（Ａ４）

一次大戦後のドイツは兵器研究が禁じられたが、制約のないロケットは一九二〇年代から研究が活発化した。二七年六月に宇宙旅行協会（ＶｆＲ）が設立され、ベルリン郊外ライネッケンドルフのユングフェルンドルフで実験がはじまり、三〇年〜三一年に液体燃料ロケットを飛翔させた。

弾道学の権威で陸軍兵器局長のＣ・ベッカー大佐（のち将軍）は長距離ロケット兵器の出現を予測して、三〇年にＷ・ドルンベルガー大尉（のち将軍）にロケット調査と開発を担当させて宇宙旅行協会を支援し、三一年にクンマースドルフ実験場を開いた。三二年に宇宙旅行協会の若き科学者フォン・ブラウンと数名の液体燃料ロケットの専門家を入れて中核とした。

ヒトラー政権の三三年に宇宙旅行協会は閉鎖され、発射されなかったが液体燃料ロケットＡ１（アグレガート１）が開発された。つづくＡ２二基は三四年一二月にバルト海沿いのボルクム島の実験で高度二二〇〇メートルに達し、つぎのＡ３は推進力と射程が強化され、三八年に一基発射されてロケット兵器実用化への展望が開けた。三五年にヒトラーは再軍備を宣言し、ドルンベルガーらは新実験地をフォン・ブラウンの調査によりバルト海のウゼドム島に決定した。翌三六年三月に陸軍参謀総長のフォン・フリッチェ大将が、クンマースドルフでロケット実験を見て支援者となり開発が進展してＡ３改良の実用型Ａ４が生まれた。なお、Ａ４ｂはＡ４の主翼と尾翼改良型で二基製造されたが中止された。

Ａ４は重量一二・八トンで全長一三メートル、液体燃料動力（アルコール水と液体酸素）で推力二五〇〇キロにて最大射程二六〇キロである。ここで、実験施設はウゼドム島ペーネミュンデへ移動し、三七年にＡ４の諸システム実験機でＡ３に似た実験機Ａ５が数基三八年に発射されて成功した。Ａ６は硫酸九〇パーセントと炭化水素一〇パーセントの双燃料ロケット推進剤の計画のみだった。Ａ７はＡ５の有翼型実験機（Ａ９計画用）で高度一万二二〇〇メートルへ発射されて航空力学的調査が行なわれた。Ａ８はＡ６似の燃料供給システムをタービンから加圧方式に変更した設計案。Ａ９はＡ４ｂ類似の生産簡易型だが中止された。また、大西洋越えでニューヨークを攻撃する有人ロケットは、途中パラシュート降下で脱出する乗員をＵボートに救助させる空想的プランだった。Ａ10は米国攻撃用二段ロケットで射程四四八〇キロと計算された。その前段として四二年後半にバルト海でＵボート搭載のＶ２ロケットが発射されたが、危険な大量のロケット燃料のＵボート搭載は不可能だった。

さて、三九年秋に戦争が始まり、四〇年初夏にヒトラーは短期戦勝利を確信し、すぐ完成しない兵器計画の中止を命じたが、Ａ４ロケットはヒトラー命令を巧妙に避けて発射に成功した。

一九四二年二月初旬、軍需大臣Ｆ・トート大将が航空機事故で死去し、後任のＡ・シュペアもロケット兵器に高い関心を持った。同年一〇月三日の発射は飛距離二〇一キロで目標の四キロ以内に着弾して成功した。四三年七月に軍需大臣シュペアがドルンベルガーとフォン・ブラウンを伴いヒトラーに発射フィルムを見せた結果、月産二〇〇〇基が求められた。一方、Ｖ２の生産に親衛隊（ＳＳ）長官のＨ・ヒムラーが介入して生産責任者としてデーゲンコルブが送り込まれた。四三年八月に英空軍はペーネミュンデ実験場と周辺を爆撃して、設備と科学者、技術者、労働者に多くの損害をあたえた。このためにポーランドのブリズナ（ブリズノ）のSS（親衛隊）の訓練地で発射実験が続行された。

これに先立ち四三年末にドルンベルガー少将は北フランスへ調査団を派遣して発射地をサントメールとカレー間のワッテンに決定し、空軍のV1と陸軍のV2用の巨大な発射基地建設が開始された。他方、ドルンベルガー少将と空軍のアクセルム大将は秘匿性から移動式発射方式を主張し、ペーネミュンデ・チームは空き地から発射できる巧妙な移動式発射台と各種の支援車両を開発した。一方で四三年五月に巨大なワッテン発射基地は米第八航空軍の一八五機のB17爆撃機により破壊され、また、ヴィゼルヌの強固なコンクリート製貯蔵所と発射施設も英空軍の爆撃で壊滅した。

V2の機体構造（P.24図参照）はおおむね五区画に分割された。

①区画は弾頭で先端部に信管付き一トンのアマトール炸薬を充填した。

②区画は誘導装置で縦、横運動修正と方位制御用のジャイロスコープ無線信号受信機と信号増幅器、窒素タンクが配置された。

③区画は燃料のアルコール水タンク（B液）。

④区画は液体酸素（A液）で両タンクの中央をアルコール・パイプが貫通して下方の燃焼室へ導入される。

⑤区画はロケット・エンジン部で送風器、燃料タービンポンプ、圧縮空気タンク、過酸化水素タンク、アルコール供給装置、混合調整器、燃焼室とジェット噴流部である。また、エンジン部外側の四枚の翼下端に遠隔操縦（サーボ機構）電動ラダーが格納され、尾部噴流部に四枚の三〇〇〇度耐熱の炭素材ベーンがあり、二枚は方位を二枚は傾斜角を制御した。

V2は地上衝突時に巧妙で鋭敏な二個の電気信管を用いた。事実、四四年九月八日から四五年一月九日までに一一五〇基が英国へ発射されたが爆発失敗は二例だけだった。二個の信管は複雑な慣性スイッチと点火装置からなるが如何なる落下角度でも確実に作動した。点火器が信管内の孔を突き刺してTNTブースター（伝爆薬）を作動させるが、Aシステムは発射四〇秒後に作動する時間調整スイッチで制御され、Bシステムはエンジン停止六〇秒後に作動するが、たがいに補い合った。

V2の輸送と発射準備は完全車両化で三二両が支援にあたる。メイラーワーゲンと呼ぶ特殊トレーラーで輸送されて平坦地か平滑な丸太組発射地で、電気技術者と分隊が配線車と電源車でケーブル接続や弾頭信管をセットして、直立発射姿勢にするのに一二分を要した。外翼付根に電気プラグが接続されて無線機器試験と発射角が調整され、燃料トラックからアルコール水と液体酸素を供給する。完了すると全車両はロケットから離れ、発射要員も装甲兵員車改造の発射ステーションへ入る。点火スイッチが押されるとバルブが開き燃料が流れてタービンポンプが始動する。次いで主燃料バルブが開き混合燃料が燃焼室へ送られて点火器作動でV2が発射される。

初期型はロケット噴出口内の炭素翼で方向を制御し、無線信号とジャイロスコープで針路、時速、距離を調整したが、すぐに進歩したジャイロ統合加速度計システムになった。超音速飛行後に燃料弁が閉じられると遠隔制御は不能になり地上へ落下激突して弾頭が爆発する。兵器化までじつに三〇〇〇基以上が発射と飛翔実験と訓練で使用されて二五パーセントが失敗した。

一九四四年秋のミッテルヴェルケ工場は月産九〇〇基の生産能力があり四五年春まで維持され四四年中に約七五〇〇基、四五年春までに二五〇〇基生産だった。ミッテルヴェルケは一〇時間シフトで稼働し二三〇〇名が働いたが、激しい連合軍の爆撃により部品の鉄道輸送網が破壊されて予定生産量の一〇〜一五パーセント減になった。戦争末期の燃料製造は米英軍の西方地区で二五パーセント、ソビエト軍の東方地区で一五パーセントの減産影響を受けたが、ノルマンディ上陸戦後の四四年九月に一八〇〇基の発射準備が完了していた。

いくつかの深刻な問題があったが四四年夏にブリズナとペーネミュンデで訓練中の発射部隊がフランスへ送られたが、V1飛行爆弾と同様に大規模発射サイトは連合軍に破壊されて移動式発射となった。北フランスのカレー地区は連合軍に席巻され、つぎの発射地ベルギーのヘントとアントワープも占領されてオランダのハーグになった。ロンドンを狙うグルッペノルト（北方部隊）とフランスとベルギーを狙うグルッペサド（南方部隊）が編制され、四四年八月五日の午前八時三〇分に南方部隊はパリ目標の初弾発射に失敗し、同日、北方部隊が午後六時三〇分前にロンドン目標の発射に成功して冒頭のチズウィックへ落下したが、目標のサザーク区から一二・八キロも逸れていた。つづいて二基目のロケットが目標から二九キロ離れた郊外のエッピングに着弾した。ドイツ宣伝省は報復兵器二号として国民に威力を宣伝したが、高空から超音速で突然落下してくるロケット兵器は、爆発威力よりも恐怖を植え付ける心理的効果の方が高かった。

最後のV2攻撃は四五年三月二七日午後七時二一分にロンドンのホワイトチャペル地区の集合住宅に落下して一三四名が犠牲になった。一三五九基が英国へ発射されて五一七基がロンドンへ到達し、犠牲者は二七五四名で負傷者は六五二三名にのぼった。

V2の唯一の防衛手段は弾頭爆発を意図して上空へ大量の対空砲弾幕を張ることだったが有効ではなかった。発射地区を特定しても移動発射台は素早く撤収してしまい、効果的な攻撃ができず確実な迎撃手段はなかった。英砲兵観測部隊がベルギーに展開してハーグ上空のV2の軌道を観測して無線で警告を発したり、ベルギーで英第一〇八特殊移動航空報告部隊がレーダー追跡を試みたが誤報が多く精度に欠けた。結局、恐怖のV2発射を停止させたのはオランダへ進撃した連合軍の兵士たちだった。

一九四五年三月二九日、北方部隊は六〇基の未発射V2とともにドイツへ撤退した。南方部隊は合計で一三四一基をアントワープへ、九八基をリージュへ、六五基をブリュッセルへ、一五基をパリへ、五基をルクセンブルグへ、ライン川のレマーゲン橋へ一一基を発射してV2作戦は終了した。科学者たちは進歩型を開発中だったが五月初旬にドイツが降伏したのは連合国にとって幸いだった。

高圧ポンプ砲V 3

1944年 1 月にペーネミュンデ付近ミスドロイの斜面に設置されたホーホドルックプンペ（高圧ポンプ砲）の実験砲だが長砲身の左右に枝葉のような増速用の多数の薬室が見える。

1943年10月にヒラースレーベン実験場に設置された96メートル長の実験砲だが発射砲弾は不安定であり多重薬室の内部爆発による損壊も起こり前途多難だった。

上の砲の砲弾増速用の薬室部分だが砲弾通過時（0.015秒）に合わせ電気タイミングで点火爆発させることがもっとも難しかった。

多重薬室が斜めに取り付けられた改良型高圧ポンプ砲だが、当初はヒトラー、軍需大臣シュペア、コンダー博士のラインで進められたが44年からは陸軍兵器局が開発を行なった。

フランスのミモイエークに建設中だったＶ３（ＨＤＰ）発射基地図。

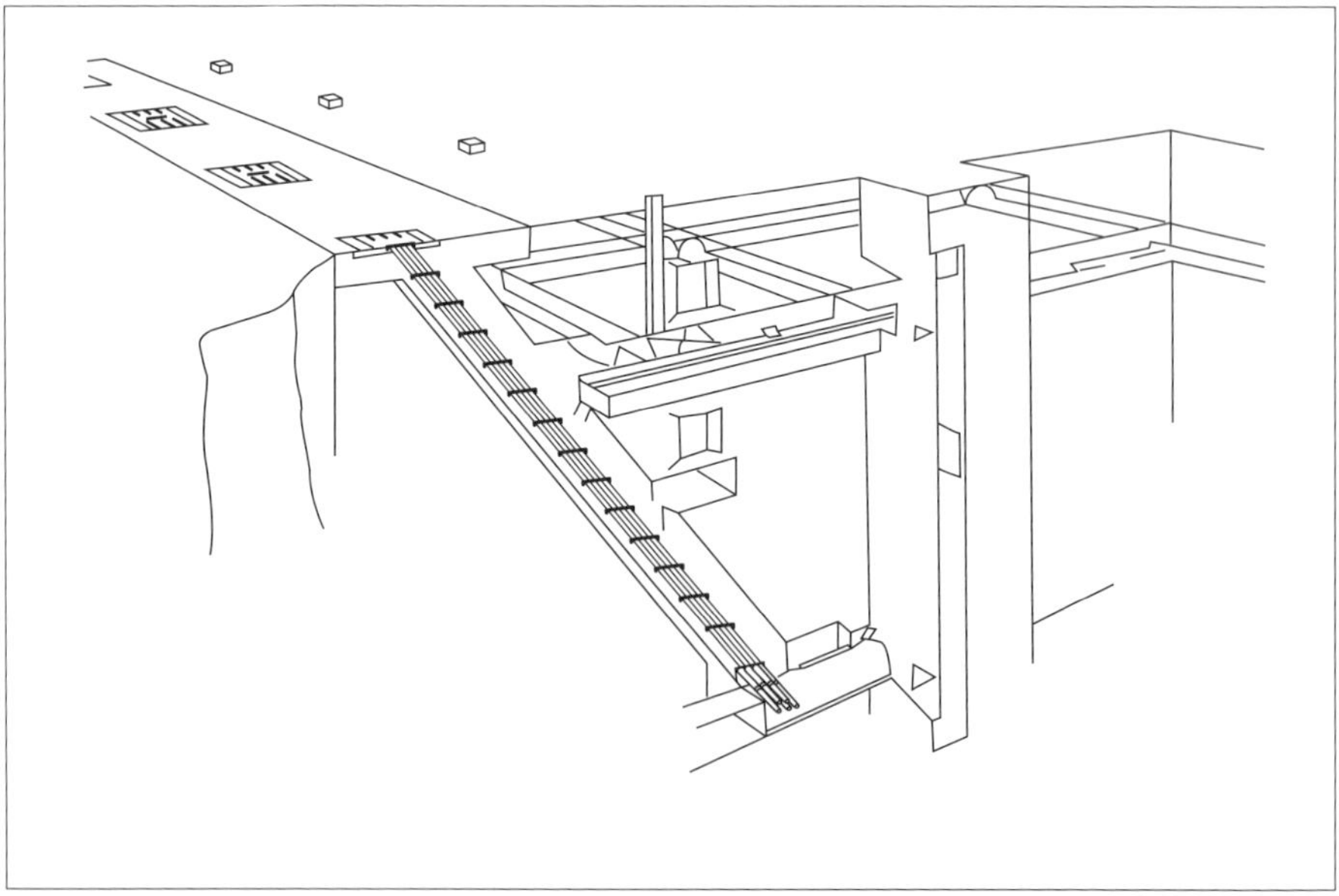

高圧ポンプ砲V3

ヒトラーの報復兵器V3はドイツでホーホドルックプンペ（高圧砲）あるいはタウゼントフスラー（むかで砲）と呼ばれたロンドン砲撃用の長射程砲である。

一八八五年に米国人科学者のライマンとハスケルが米陸軍武器局へ多重薬室型の新砲の提案を行なった。これは、最初の薬室内火薬燃焼で砲弾が発射され、つづく第二、第三の薬室内燃焼で砲弾を加速させて射程を延伸するもので、軍は一五・二センチ砲の試作を命じた。だが、実験性能は通常の一五センチ砲と変わらず火砲発展の歴史の一つに埋没した。また、英国でも多重薬室砲が提案されたが兵器委員会は米国の「ライマン／ハスケル砲」を知って採用しなかった。

二次大戦たけなわの一九四三年にライプチッヒのレヒリン・アイゼン・ウント・シュタールヴェルケ社の科学者コンダー博士が、軍需相のA・シュペアに多重薬室による長距離砲を提案した。コンダーが「ライマンとハスケル理論」を知っていたかは不明だが、多くの課題は理論的にクリアできると確信し、シュペアはヒトラーにロンドン砲撃が可能な長距離砲として提案した。コンダーの二センチ口径の実験砲は成功し、ヒトラーはフランスのカレーに五〇門の砲列を敷いてロンドン攻撃を命じた。コンダーは口径一五センチで長さ一五〇メートルで、砲身に二八基の薬室を木の枝のように設ける多重薬室砲の開発を開始した。一門の発射速度は一時間に四発だが、五〇門なら二〇〇発をロンドンへ発射できると計算し、二五門二組で五〇門が予定された。

一九四三年の夏に、ロンドンまで一五二キロ地点にある北フランスのカレーとブローニュ間のマルキス・ミモイエクの丘の地下深く堅固な発射場の建設が国家建設部隊のトート機関の手で開始されて、多数の鉱夫と陸軍の工兵技術者や労働者が従事した。コンクリートの地下隠蔽式発射場の最深部に弾薬庫が設けられ、一五〇メートル長の高圧砲が斜め上方に向けて設置され、巨大な装甲鋼板で防護された砲口が発射時に地上で開く。

コンダーは重量一三六キロの矢型弾を開発してベルリン西方一三〇キロのヒラースレーベン実験場で実験した。斜度六度の斜面のコンクリート台に多数の枝状（燃焼室）のある長い砲で射程一二・八キロを達成したが、ミモイエクからロンドンまで到達させるには、毎秒一五二四メートルの初速（砲弾が砲口を出る速度）が必要だった。初速は毎秒一〇〇五メートルで、かなり実用初速に近づいたが砲弾は不安定だった。また、砲身の多重薬室数基は内部爆発を起こして交換を要した。他方、バルト海沿岸のペーネミュンデ付近のミスドロイ（ポーランド・ミエンジズドロイ）でも実験が行なわれた。

一九四三年末に特別砲兵大隊の編成と訓練が行なわれ、ミモイエク発射基地建設は進んで四四年も砲の開発が続行された。同年三月に陸軍兵器局長のフォン・リープ大将がミスドロイで秘密火砲を視察したが発射実験は成功せず、加えて特殊砲弾二万発は生産途上にあった。ここで、ヒトラー、シュペア、コンダー・ラインの開発に陸軍兵器局が介入したが「当初から陸軍兵器局が開発していたら長距離砲は完成した可能性があった」と米軍の調査報告書が述べているのは興味深い。

兵器局は三つの問題点に注目した。第一は砲弾の形状、第二は砲弾が多重薬室を通過する際のガス圧、第三はもっとも重要な点で速度を増しながら砲弾が多重薬室を通過する際の薬室点火のタイミングである。新砲弾はスコダ、クルップ、ヴィットコヴィッツ・アイゼン・ウント・シュタールベルケなどの製造業者が開発した。多重薬室の推進薬の正確な電気点火タイミングは、今日のコンピューター時代と異なりもっとも難しく計算上では〇・〇一五秒とされた。多くの実験の結果、多重薬室（むかでの足）数は二〇基以上は現実的ではないとされた。多重薬室の最初の六基は砲弾加速に効果的だったが、それ以降の薬室の点火タイミングが合致せず発射ガスが充満した。

しかし、ミモイエクは連合軍の米第九航空軍に徹底的に爆撃破壊された後に、ドイツ軍は破壊地をそのままにして一部の地下砲台の建設を密かに続行する欺瞞策を講じた。四四年五月末にミスドロイで数種の新砲弾を用いる試験で射程八八キロを達成したが、多重薬室二ヵ所が破壊して展望は開けなかった。ふたたび、七月六日にミモイエクは英空軍の重爆六一七機の爆撃を受けて、一発五・五トンのトールボーイ爆弾で完全に破壊され、連合軍地上部隊はノルマンディ上陸からフランスを席巻してミモイエクを占領した。

一方、ミスドロイでの実験は四四年七月四／五日に八発が発射されて、一発は射程九三キロを達成するも砲の破裂で砲身強化対策が行なわれた。新砲弾、新砲身、新推進薬を用いて試験が続行されたが陸軍兵器局とコンダー博士の間で非難合戦が発生した。四四年一一月にＳＳ（親衛隊）のカムラーＳＳ少将に高圧ポンプ砲の実戦展開が移管された。四四年一二月に一門の短砲身高圧ポンプ砲が丘の中腹に設置されて、ヒトラー最後の反撃アルデンヌ攻勢で用いられたとされる。もう一門も同時期に列車砲としてラインラントのヘルメスカイル付近で、ルクセンブルグの米第三軍を目標にしたとされるが真偽のほどは不明である。別の説としてトリーア付近に短砲身の高圧ポンプ砲があったとする説もあるが不確定である。

英チャーチル首相はミモイエクの地下発射基地の徹底的破壊を命じたために、充分な調査報告書がなくて不明な点が多く、Ｖ3は真偽の混ざった情報の混合である。また、連合軍がヒラースレーベン占領時に全長七五メートルの二門の破損した実物砲を発見しているが、恐らく自爆させたものだと記録される。なお、英国のＣＩＯＳ（統合情報委員会）の報告書では、「多くの尋問にもかかわらず弾道学上の基本理論を獲得することはできなかった」と述べている。

滑空爆弾フリッツX

【第2章／空の戦い】

フリッツXは1.4トン爆弾利用の無線操縦による対艦船滑空爆弾で成功作だった。2000基生産で200基が実戦に投入されて1943年にイタリア戦艦ローマを撃沈した。

滑空爆弾フリッツX

二次大戦中にドイツ空軍は母機投下爆弾を誘導して、地上や海上の目標に命中させる数種のシステムを開発した。ルールシュタール／クラマー・シリーズのフリッツXはSD1400（一・四トン）爆弾改良の、母機投下無線誘導の対艦非推進式滑空爆弾だった。

ベルリンのアドラースホフにあるドイツ最大の航空実験所（DVL）のマックス・クラマー博士が一九三九年から開発を進めて、デュッセルドルフのラインメタル・ボルジク社で製造された。遠隔無線誘導方式で信号受信機はシュトラスフルト・ルントフンク社、送信機はテレフンケン社製で、実験はベルリン南方六〇キロのヨーテボーグで行なわれ、四一年春に風洞装置のあるペーネミュンデ実験場で試験が実施された。翌四二年に多くの課題が解決して、天候の安定したイタリア南部フォッジア付近のシホントで実験がつづけられた。

フリッツXは誘導員の技量にもよるが、高度六一〇〇メートルからの投下で誤差六〇センチと精度が高かった。総重量は一・五七トンで、一・四トンの弾頭徹甲弾はアマトール炸薬とTNT（トリニトロトルエン）火薬で、四対六か五対五の混合比率でラインメタル社製のBZ38信管付きだった。弾体前方に四枚の安定翼があり、尾部の長円筒形ユニットに無線機器、ジャイロスコープ、スポイラーが組み込まれた。飛行制御は毎秒一〇回作動するソレノイド（電磁スイッチ）でスポイラーの昇降舵と方向舵を信号遠隔操縦する。母機上の爆撃手は昼間にはフリッツXの尾部閃光を見て誘導するが夜間は電気灯火を用いた。また、昼間良好な視界下で使用するが、夜間使用を意図したレーダー装備の先導機（パスファインダー）から照明弾を投下し、それを目標

フリッツXは母機から発射されて乗員が尾部の閃光を見つつジョイスティックで操縦した。1943年9月に米巡サバンナや英戦艦ウォースパイトにも命中弾をあたえている。

に飛行爆弾の尾部閃光追尾で誘導する方法も考案された。

一九四三年中旬に実用化されて実戦で用いられた。四三年九月八日、連合軍に降伏してマルタ島へ向かうイタリア海軍の戦艦ローマを、第一〇〇爆撃航空団第Ⅲ飛行隊のフリッツX搭載の三機のドルニエDo17爆撃機がコルシカ島沖で攻撃した。一発が戦艦ローマの前方弾薬庫へ、一発がエンジン室へ、あとの一発が左舷甲板に命中して三〇分で沈没した。また、翌九月九日にイタリアのサレルノ湾へ侵攻した米艦隊を攻撃したフリッツXは、米巡洋艦サバンナと数隻の駆逐艦に命中弾をあたえた。一週間後の九月一六日に同じ第Ⅲ飛行隊機がサレルノ湾で英戦艦ウォースパイトにフリッツXを命中させて大損傷をあたえた。

他方、クラマー博士は対連合軍の電波妨害対策として有線制御システムへの転換を図った。だが、毎秒一五〇メートル（時速五五〇キロ）の繰り出し速度が低速で、長いケーブルの「たわみ現象」も発生し、最後に毎秒三〇〇メートル（時速一一〇〇キロ）に改良された。

フリッツX2は操縦装置改良型で、高度九〇〇〇メートルから投下して時速一〇〇八キロだが一基製造のみである。つぎのX3はスピン・スタビライズ（旋転）方式で毎秒一～一・五回転させて安定度を増した型である。生産上の組み立て誤差は〇・一パーセントだが、X3はプラス・マイナス一パーセントで大量生産に適し、主翼と尾翼が四五度の鋭い後退角を有し、高度一万二〇〇〇～一万四〇〇〇メートルでケーブル繰り出し速度が毎秒四〇〇メートル（時速一四四〇キロ）となった。このX3から二五〇〇キロ爆弾型と二五〇〇キロ爆弾を五発集束する二種に発展した、X5とX6は炸薬威力向上の設計案だった。だが、飛行爆弾は攻勢的戦況下では有効だが防御戦下での活用戦場は少なく二〇〇基発注のX3は中止された。

滑空爆弾Bv246ハーゲルコルン

Ｆｗ190Ｇ６戦闘機に懸吊されたＢｖ246ハーゲルコルン（あられ）で精度の低いＶ１飛行爆弾に代わって精密爆撃に用いようとしたが1944年に開発は中止された。

英軍に捕獲されたＢｖ246ハーゲルコルン滑空爆弾で英調査員の左手下のパイプは滑空用の細長い主翼を取り付ける桁である。Ｈｅ111やＪｕ88を母機とする予定だった。

滑空爆弾Bv246ハーゲルコルン

ユニークな航空機設計で知られるブローム・ウント・フォス社のリヒャルト・ボグト博士の主導で、V1（Fi103）飛行爆弾の後継兵器として開発されたのがBv246ハーゲルコルン（あられ）だが優先度は低かった。

機体は流線形の葉巻形で重量七三〇キロ（炸薬四三五キロ）、胴体直径五四センチ、滑空用の長い主翼と十字形尾翼を有し、最高時速四五〇キロメートルという非動力型の安価な兵器だった。He111やJu88爆撃機が母機となり、高度七〇〇〇〜九〇〇〇メートルで空中投下されるが、航続距離は二〇〇キロほどである。制御は母機上の無線遠隔誘導とジャイロスコープ信号で各舵を作動させるが、精度と性能不足が指摘された。ドイツ空軍は英国の強力な電波妨害によりこの種の誘導方法に関心が薄かったが、皮肉なことに連合国空軍の電波誘導爆撃がハーゲルコルンに関心を寄せるところとなり、命中精度の低いV1飛行爆弾の代わりに特殊目標の精密攻撃に用いようとした。

一九四三年一二月初旬にBv246Bの生産が開始されたが、戦況の逼迫により空軍は誘導弾開発整理を進めて四四年二月に中止された。

すでに生産された数百基は四三年夏から四四年夏までグライスヴァルトで第一〇一爆撃航空団第Ⅳ飛行隊の手で実験された。七月一七日の空襲で二九基を失ったが、さらにカルルスハーゲンでFw190G戦闘機などで二〇〇基以上の投下実験が行なわれた。ここで、生産済の一一〇〇基のBv246に毒ガス充填や空対空ロケット改造などの諸案が出たが実戦には投入されず、対空部隊の標的訓練に五五〇機が用いられた。

最後の実験は四五年初期に、ドイツ郵政省のクラインヴェヒタァ博士設計の「ラジエッシェン」と呼ばれる極超短波誘導装置搭載の一〇基が実験され、二基が目標数メートルに命中したが残りは失敗に終わった。

滑空魚雷
L・10フリーデンセンゲル

ブローム・ウント・フォス社のＬ・10フリーデンセンゲル（平和の使徒）は母機発射の滑空魚雷で450基が製造されて実験が繰り返されたが実戦投入はなかった。

滑空魚雷Ｌ・10フリーデンセンゲル

一九四〇年一〇月にドイツ滑空研究所（ＤＶＬ）で、ＬＴ５Ｆ航空魚雷を有翼化して滑空魚雷にするＤＴ１とＤＴ２の開発が行なわれた。ブラウンシュバイクの航空研究所でもＬＴ９・２フロッシュ（蛙）が研究されたが、ブローム・ウント・フォス社の滑空魚雷Ｌ・10フリーデンセンゲル（平和の使徒）の開発が優先された。

Ｌ・10はＬｔ９５０航空魚雷の上部に制御機器内臓のグライダーを乗せて高度二五〇〇メートル付近で母機から発射し、滑空距離は八五〇〇メートルである。発射三秒後に左主翼先端の格納筒から「小さな凧」が繰り出されて二五メートル長のケーブルで牽引される。「凧」のセンサーが海面上一〇メートルを感知すると信号を発し、グライダーと魚雷の接続ボルトを火薬爆発で分離し、魚雷は水中へ投下されて目標艦へ向かって突進する。

当初、五四基製造で四二年九月から実験されたのちに二七〇基製造で一三六基が実験に供され、三四基は第二六爆撃航空団で試験し、ほかに四三年一二月に実戦想定で五八基が用いられた。たとえば、Ｈｅ１１１Ｈ‐６爆撃機から高度四二八メートル、角度一六度、時速二八一キロにて投下され、飛行時間一八・九秒で距離一四四八メートルだった。また、別のＨｅ１１１爆撃機の実験では距離三二七六メートルを滑空した。戦争終了までに合計四五〇基が製造されてペーネミュンデ実験場とゴッテンハーフェン（グジニア）付近で集中実験が実施された。使用航空機はジェット爆撃機Ａｒ２３４、Ｆｗ１９０Ｆ戦闘機、ハインケルＨｅ１１１ＨとＪおよびＨｅ１７７爆撃機、Ｊｕ88の発展型のＪｕ３８８爆撃機、そして、双発駆逐機のＭｅ４１０などが使用されたが、満足する結果が出ず実戦で使用されることはなかった。

なお、このＬ・10はＬ・11シュネーヴィッチェン（白雪姫）に発展するが、単価が一基一五〇〇〇ライヒスマルクと高価なために採用されなかった。

滑空爆弾Bv143

発射ランプ上のＢｖ143は海軍用の母機発射タイプの対艦船滑空爆弾で、1943年に４基製造されて試験が行なわれたが水平飛行に難があって実用化されなかった。

格納庫から引き出されるＢｖ143だが母機投下で目標直前にジャイロスコープ制御操縦方式でロケット推進にて突入する滑空爆弾だったが戦術的価値が認められなかった。

滑空爆弾Bv143

多種の誘導弾を手掛けたブローム・ウント・フォス社は、有能なリヒャルト・ボグト博士の指導で海軍用の効果的な対艦船攻撃兵器として、空中の母機から発射する滑空爆弾Bv143を開発していた。

葉巻型の機体に簡単な主翼と十字形状の尾翼を有し、飛行はジャイロスコープを利用して昇降舵や補助翼を制御する飛行機タイプだった。

Bv143は母機から目標艦へ向けて投下飛行するが、海面上二メートルでロケットに点火増速して水平飛行で目標艦に突入する。キールのワルター社のロケットは109-501と109-502が用いられた。

燃料はT液（過酸化水素）とB液（ヒドラジン・ハイドレート＝ジェット推進剤）である。少量の火薬に電気点火すると薄膜が破れて推進薬タンクに空気圧力がかかり、燃焼室に噴射されて燃焼する。バルブを用いて推進剤の安定供給を行なうが減圧弁はなく、推力は七〇〇キロで四〇秒間維持した。

一九四三年までに四基が実験されたが海面上の水平飛行に難点があり戦術的価値なしと判定され、のちにハンブルグ赤外線追尾装置を使用する計画もあったが実現しなかった。Bv143Aは翼幅三・一三メートル、全長五・九八メートル、機体直径五八センチ、重量一〇五五キロで、炸薬は一七〇キロ、最大時速四一五キロという性能だった。

誘導飛行爆弾Hs293

写真は誘導飛行爆弾Ｈｓ293の試作３号機（Ｖ３）で英軍が捕獲した機体である。シュトラスブルグ送信機とケール受信機搭載の無線誘導式だった。

実戦用のＨｓ293Ａで1943年夏〜44年１月に第100と第40爆撃航空団で地中海／フランス方面で使用されて戦果を挙げた。発展型が多種あったが実戦では使用されなかった。

第100爆撃航空団第Ⅲ飛行隊のＤｏ215Ｅ－５爆撃機に搭載されたＨｓ293Ａ誘導飛行爆弾だが、実戦ではビスケー湾で英砲艦や英駆逐艦を撃沈している。

誘導飛行爆弾ヘンシェルHs293

Ｈｓ２９３は一九四〇年七月にヘルベルト・ワグナー博士が開発した誘導爆弾で、五〇〇キロ爆弾に安定翼を設けて母機から投下され、一〇秒間のワルターロケット燃焼飛行後に滑空に移る。目標への誘導は母機上の爆撃手がジョイスティックと無線信号で行なった。

数基のＨｓ２９３Ｖ１（試作一号）の空中投下は成功し、改修型Ｖ２（試作二号）を経てＶ３（試作三号）で無線送信機ストラスブルグと受信機ケールを装備して実用域に達し、一九四〇年一二月に量産型Ｈｓ２９３Ａが生産に入った。

頑丈な構造の砲弾型機体下に信管突起のある爆弾を懸吊し、中央の二枚の中翼は前縁二度、後縁一〇度の傾斜角を有し、後縁部は高速飛行に耐えるマグネシウム鋳造製である。また、尾部は十字形尾翼と制御ユニットのほかに誘導視認用の閃光発生装置を備えた。

生産時の工作精度を高めるために工場では他種のダイアル文字盤付き計測器を用いたが、のちに連合軍の調査報告書は、「このような精密兵器が使い捨てとは思えない」と述べている。

四三年夏に要員はバルト海で訓練を行ない、第一〇〇爆撃航空団のドルニエＤｏ２１７Ｅ－５爆撃機に搭載されてフランスで活動を開始した。同年八月二七日にビスケー湾で哨戒中に英砲艦エグレットにＨｓ２９３を命中させて撃沈した。つづいて四隻の英駆逐艦への攻撃が成功すると、連合軍はＨｓ２９３が四八～五〇メガヘルツ帯の一八チャンネルの一つを用い、パノラマ式受信機で信号を識別する制御方式を突き止め、強力な電波を送って操縦システムを妨害した。

四四年一月のイタリアのアンチオ上陸作戦時にも四〇基が投入されたが成功例は少なく引き上げられたが、ドイツ側は七〇パーセントが電波妨害で失敗したとしている。第一〇〇爆撃航空団第Ⅲ飛行隊と第四〇爆撃航空団第Ⅱ飛行隊は、Ｈｅ１７７爆撃機とＦｗ２００コンドル四発機を用いて四〇回以上の作戦が行なわれ、前者が五五パーセントで後者は三一パーセントの命中率だった。

つづく発展型のＨｓ２９３Ｂは気流の変化をスポイラーの電磁ソレノイドで感知作動（気流屈折利用）させる単純かつ安価な操縦手法にした。また、無線の混信問題からシュトラスブルグ送信機とケール受信機の無線操縦装置は撤去されて、一五キロ延伸されるケーブル有線誘導方式になった。また、四四年開発のドルトムント／デュイスブルグ無線誘導装置搭載型が二〇〇基ほど生産されて、イタリアと地中海で用いられたほか、四五年四月の最終戦でソビエト軍の進撃を阻止すべくオーデル川橋梁破壊に使用されたとされる。

実戦使用はなかったがＨｓ２９３から多種の派生型の開発が試みられた。Ｈｓ２９３ＣシリーズのＣ１は尖った先端形状で海上投下後に水中を四五メートル航走して艦船の喫水線下を攻撃できた。Ｃ２は無線操縦、Ｃ３は無線か有線操縦、Ｃ４は機体を合金から鋼製とした。うち、Ｃ１とＣ３が生産型となり六三〇基の発注を受けたものの戦争は終結した。

Ｈｓ２９３Ａをテレビジョン誘導型にしたのがＨｓ２９３Ｄで先端部を延長してテレビカメラを搭載し、機尾にテレビアンテナを装備した。この方式は四〇年からドイツ郵政省のヴァイス博士の手で四二年に実用化に成功したが、システムが複雑で専門の技術者が運用可能なだけだった。Ｈｓ２９３ＥはＣの改良型でＦはデルタ翼型だがいずれも中止され、Ｇは急降下攻撃型で一基だけ製造された。

Ｈｓ２９３Ａの改造型はＨｓ２９３Ｈシリーズで、ＨＶ１は新誘導装置装備機、ＨＶ２は弾頭の新型起爆装置の実験機、ＨＶ３は時限信管装備機、ＨＶ４は「カカドゥ（おおむ）」と呼ばれる時限信管実験機、ＨＶ５はＨＶ２にテレビジョン誘導と起爆指令装置が組み込まれた。ＨＶ６は弾頭が一定高度で爆発する気圧信管装備機、ＨＶ７はＨＶ５に赤外線感知信管を装備し、最終型はＩで炸薬二倍タイプだった。

このほか、Ｈｓ２９３ＣベースのＨｓ２９４Ｖシリーズは二基のロケット搭載型航空魚雷爆弾である。Ｈｓ２９４Ｖ１は二〇基、Ａ０は四〇基以上、Ｖ２は小数、Ｖ４はＨｓ２９３Ａ０の制御進化型、Ｖ５はジェット機から発射する型、Ｖ６もジェット機射出用だが高速時の自動修正装置搭載型で生産されなかった。なお、Ｈｓ２９４Ｄはテレビ誘導装置付きで二〇基ほど製造された。また、四二年にワグナー教授がＨｓ２９４を発展させた艦船攻撃型のＨｓ２９５は五〇基ほど生産され、Ｈｓ２９６も艦船攻撃用の急降下飛行爆弾だが実験用に少数製造されただけだった。

空対空誘導弾
X 4 ルールシュタール

空対空誘導弾X 4ルールシュタール（ルールの鋼）は1000基生産されたが激しいドイツ本土爆撃でワルター・ロケットの供給が断たれて残念ながら実戦化できなかった。

空対空誘導弾X4ルールシュタール

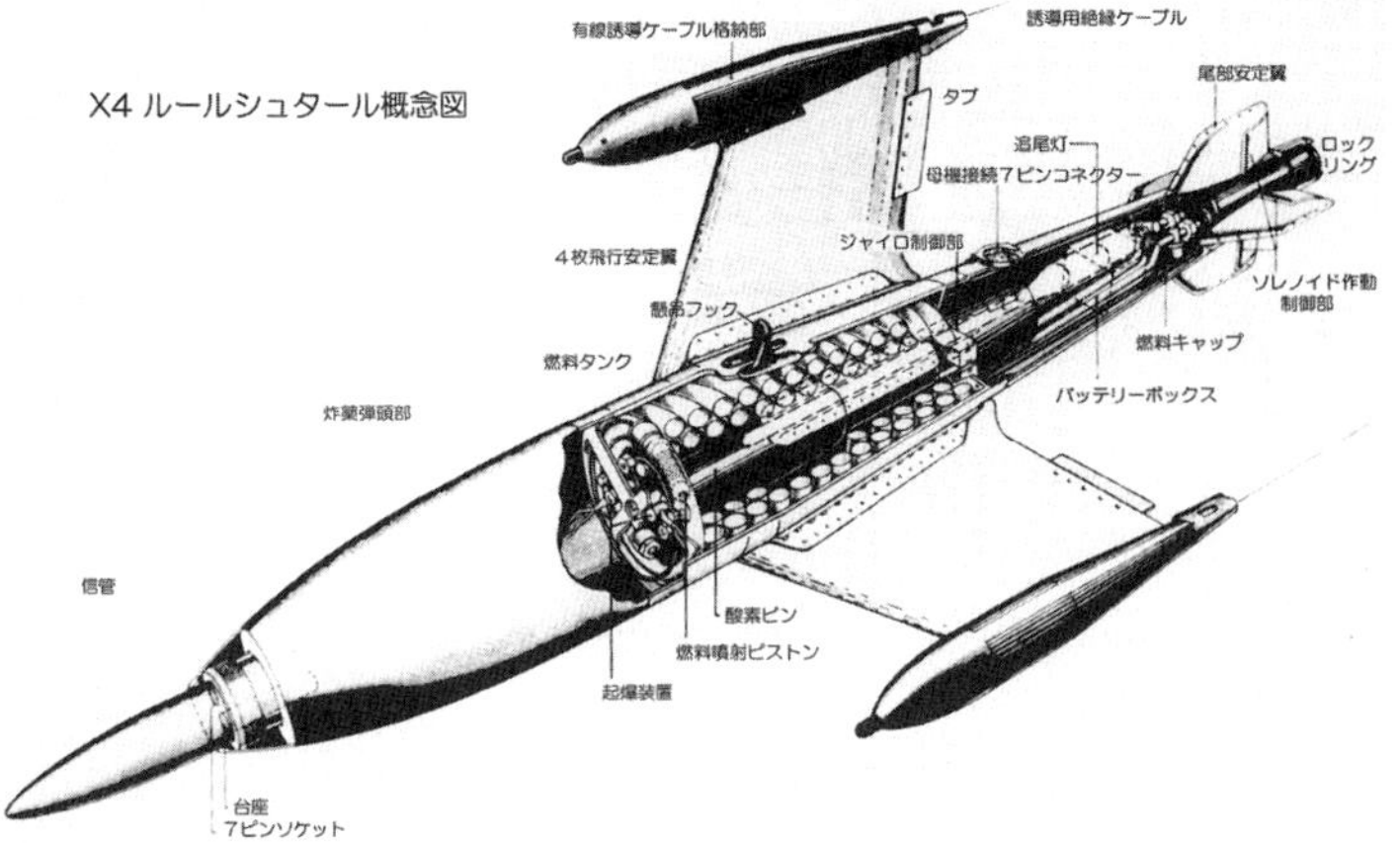

X4 ルールシュタール概念図

Ｘ４は一九四三年初期に空軍提案により、ルールシュタール社のクラマー博士がＸシリーズの一つとして開発した空対空誘導弾である。葉巻型の簡素な有線誘導式で中央に四枚の後退翼と尾部に四枚の小型翼を備え、有線誘導システムはデュッセルドルフ（ＦｕＧ５１０）送信機とデトモルト（ＦｕＧ２３８）受信機を組み合わせていた。主翼先端部の砲弾型容器に有線誘導用の繰り出しワイヤーが格納され、内臓の小型ジャイロスコープからの信号で尾翼の四つのスポイラーが飛行姿勢を制御した。

有線長は五・五キロで戦闘機パイロットが機載照準器とジョイスティックで誘導するが過度な負担だった。弾頭は信頼性に欠けた小型の「クラニッヒ（鶴）」あるいは「マイゼ（しじゅうから）」と称する音響信管を使用し、不発の場合は自己爆発した。クラニッヒ音響信管は目標から七メートルの距離で振動を感じて作動し、マイゼ音響信管はノイマン・ウント・ボルム社のマイクロフォンとアンプを用いて距離一五メートルで音源（目標）を感知した。

Ｘ４は敵爆撃機と同高度で母機から発射するが有効距離は一・五～三・五キロだった。全長二メートル、翼幅五七・五センチ、直径二二センチ、重量六〇キロ、燃料重量八・五キロ、炸薬量二〇キロ、最大時速は一一四〇キロである。推進ロケットはＢＭＷ１０９-５４８ロケットで推進剤は液体のトンカ２５０燃料（Ｒ液＝有機アミン化合物）かサルベイ燃料（ＳＶ液＝硝酸と二酸化窒素）を搭載する。推力は初期値一四〇キログラムで最終推力は三〇キログラムに減じて一七秒間燃焼予定だった。だが、すでに一三〇〇基生産されたＢＭＷロケットは欠陥があり、実験は推力一五〇キログラムで燃焼八秒間の固体燃料シュミッディング１０９-６０３ロケットで行なわれた。

四四年四月から八月にかけて試作シリーズの二二五基が生産され、最初の発射は同年八月にＦｗ１９０単座戦闘機で実施され、四五年二月にユンカースＪｕ88で試射された。同年一二月から一〇〇〇基の誘導弾がルールシュタール社のブラックヴェーデ工場で生産されたが、激しい連合軍の爆撃でＢＭＷ社のロケット供給が断たれて実戦化計画は断念された。しかし、Ｘ４は大戦後の世界のミサイル発展の一つのベースとなった。

地対空誘導弾
Hs117シュメッターリング

垂直射角にしたＨｓ117で機体上下に２基の推力375キロのブースター付き液体燃料ロケットが見える。最大射程は40キロで最大時速は865キロだった。

発射台上にセットされた地対空誘導弾Ｈｓ117シュメッターリング（蝶）で3000基の生産計画が立てられたが連合軍の爆撃により実現できなかった。

発射場へ人力で運ばれるＨｓ117シュメッターリングでレーダー追尾と無線誘導による誘導弾だが訓練をふくむ進化した運用システムが確立されつつあった。

地対空誘導弾
Ｈｓ１１７シュメッターリング

ヘンシェル社はＨｓ２９３飛行爆弾を成功させ、Ｈ・ワグナー博士がＨｓ２９７を経て対空誘導弾Ｈｓ１１７シュメッターリング（蝶）を開発した。当初、空軍は興味が薄かったが四三年になると連合国空軍の激しい爆撃で状況が変わり、迎撃目的で実験生産がはじまった。

Ｈｓ１１７は全長四メートルで全幅二メートルの魚形の小型機体で中央に二枚の後退角付翼と後部に十字形尾翼があり、無線とジャイロスコープ制御方式だった。主動力は機体上下に二基のブースター付き液体燃料ロケット（最大推力三七五キロのＢＭＷ１０９-５５８でほぼ同性能のワルターＨＷＫ１０７-７２９も使用された）を装備し、尾部から目視追跡用の閃光を発した。

発射時重量は四四五キロで不要物投下で二五八キロまで減じ、時速八六五キロで最大射程は四〇キロ、射高一六キロ、誤差は七・三メートルだが当時の技術では良好だった。

Ｈｓ１１７は傾斜した簡単な地上の発射台から発射されるが、三〇～四〇メートル離れた場所に操作員二名が並列に座る管制台が配置された。一名は光学式視覚照準器を操作し、もう一名はジョイスティックで遠隔操縦を行なった。操縦装置を動かす無線受信機の電源は機体先端部の小プロペラ回転で発電機を作動させて供給した。弾頭部は爆風効果を意図する二五キロ炸薬で発射後に二種の信管が作動する。一つはＡＥＧ社製の無線時限信管フックスで、赤外線信管のように目標の排気ガス熱の影響を受けずに一〇メートル以内で効果を発揮した。もう一種の遅延信管はコースを外れた場合の自爆用である。

Ｈｓ１１７はシュトラスブルグ送信機とケール受信機の組み合わせで無線で目標へ誘導される。誘導員は妨害電波を阻止するために八チャンネルの波長を任意で用いるが必要に応じて誘導弾を爆発させる予備チャンネルもあった。また、妨害電波を避けるための有線方式も研究された。四五年時にはマンハイム・リーゼ・レーダーで目標を追尾して、ラインゴールド・レーダーで誘導弾を追尾しつつ爆撃機の予想針路前方

Ｈｓ117は有効射高10660メートルで目標誤差は１～10メートルと優れていた。1944年に空中発射方式も実験されて命中率は30パーセント程度だった。

へ誘導し、コース修正はケールハイム送信機で行なうシステムに進化していた。有効射高（重力に抗する垂直上昇高度）は一〇六六〇メートルである。

実験で五九基が発射されて二五基が誘導に成功し、目標誤差は一～一〇メートルだった。

四五年中に三〇〇〇基生産が計画されて六〇ヵ所の発射基地も設けられたが、連合軍機の爆撃で多数の下請け工場の部品供給が遅れた。陸軍選抜要員は手先の器用さ優先で四〇パーセントに絞られ、訓練は二ヵ月間だが最終段階で三基以上の発射が義務づられて命中率は二〇パーセントだった。なお、使用された教習装置は今日の高価なシミュレーターの元祖でもある。

一九四四年のある時期にＨｓ１１７の尾部を改造してドルニエＤｏ２１７爆撃機から空中発射する開発が進められた。尾部改造で有効射程一万二〇〇〇メートルで、上方の目標へ向かうが垂直射程時は五〇〇〇メートルである。この方式は大戦終結時に二一基を発射して成功率は約三〇パーセントだった。

Ｈｓ１１７の誘導方式はシュトラスブルグ（送信器）とケール（受信器）システムである。これはマンハイム・リーゼ・レーダーで目標を追尾し、ラインゴールド・レーダーで誘導弾を追尾しつつ爆撃機の予想針路前方へ誘導し、送信機でコースを修正するが当時としてはきわめて進化したシステムだった。

地対空誘導弾
ラインボーテ

火砲とＶ２ロケットの間の戦術ギャップを埋めるラインメタル社の多段ロケット地対空誘導弾ラインボーテ（ラインの使者）で大戦末期に西部戦線で使用されたとされる。

地対空誘導弾ラインボーテ

火砲とV2（A4）ロケットの間の戦術ギャップを埋める兵器の陸軍兵器局要求にラインメタル社が応えたのが、先進的な高速多段ロケットのラインボーテ（ラインの使者）である。

一九四二年初期に開発開始の長槍形の固体燃料三段ロケットで、それぞれの弾尾に四～六枚の飛翔翼を備えた。

全長一一・四メートル、戦闘重量一・七二トン、推進薬重量五八〇キロ、弾頭炸薬重量四〇キロ、最大時速五九〇〇キロ、発射角六五度で軌道高七八キロ、最大航続距離二一八キロ、最大飛行時間は四分二〇秒である。

下方から推進薬部（四七〇キロ）、一段ロケット（二四〇キロ）、二段ロケット（二二〇キロ）、三段ロケット（一〇〇キロ）で先端部に弾頭と信管がある。

発射はV2ロケット発射台の改造型か、対空砲八八ミリFlak41の改造砲架を用い、電気点火発射で一段目の排気ガスは弾尾の六個のノズルから排気し、上部の他のロケットは単ノズルから排出する。発射後は距離三・五キロ、一二キロ、二五キロで各ロケットが逐次離脱して弾頭が目標に突入するが、ドイツ誘導弾の中では最速だった。

生産数は不明だが、一九四四年一一月に陸軍部隊が、二〇〇発のラインボーテを連合軍に占領されたベルギーのアントワープへ発射したとされる。

地対空誘導弾ラインホトターＲ１

ラインメタル・ボルジク社の地対空誘導弾ラインホトターＲ１（ラインの娘）は性能はあまり良くなく、最後の型式のラインホトターＲ３に引き継がれたが試験のみに終わった。

飛翔中のラインホトターＲ１の珍しい写真で主翼端から発する追尾用の閃光が認められる。音速で飛行するが、全体重量は650キロで弾頭炸薬は250キロだった。

地対空誘導弾ライントホターR1

一九四二年はじめに空軍の迎撃高度一万二〇〇〇メートル要請に応えて、ベルリンのラインメタル・ボルジク社が最後に開発した対空誘導弾がライントホター（ラインの娘）系列である。

ライントホターR1は八・八センチ砲（Flak36）砲架利用の迎角九〇度で全周回転レールから発射した。魚雷型で後部に六枚の安定翼と前部に四枚の「ひれ」があり、機体に固定された燃焼時間五〇秒の二基の補助固体燃料ロケットは、発射後に取り付けボルトを火薬破壊で落下させてから主ロケットで飛行する。

実験飛行は従来型の無線とジャイロスコープ姿勢制御が用いられ、二枚の主翼端に閃光発生装置があり光学追跡とレーダー追尾も計画された。弾頭、信管、操縦機器、電気機器、推進剤容器の五区画に分かれ、弾頭にクラニッヒ（つる）音響信管が予定され、操縦区画は軽量な合金使用で安定翼と操舵面は合板である。全長二・二二メートルで直径は五四センチ。燃料の主容器は固体燃料二一〇キロで燃焼時間一〇秒、推力は毎秒一八一五キロで時速はほぼ音速である。発射重量は六五〇キロ（二五〇キロの炸薬をふくむ）。

しかし、他の誘導弾と比較すると性能が悪いために大量生産に入らず、経験と技術蓄積は、つぎのライントホター3に活用された。最初の実験は四三年八月にバルト沿岸のレバ（ポーランドのウェバ）で行なわれ、四四年七月初旬までに三四基が発射された。この後、四五年一月までに無線制御方式で四八基が発射されたが完全成功は四基のみだった。四五年二月六日に計画は公式に停止されたが、二月二〇日にカールスハーゲンで二〇基が発射された記録がラインメタル社に残っている。

射程の短いライントホター1からライントホター3へ移り推進装置が一新されて機体は一メートルほど長くなった。誘導システムはライントホター1と同じだが、大型誘導弾ワッサーファールの固体あるいは液体燃料システムを用いる予定だった。液体燃料はペーネミュンデで開発と実験が行なわれ、炭化水素と亜酸化窒素と酸素の混合による自動燃焼で、推力は一七〇〇キロから二三〇〇キロまで変動した。詳細な発射記録はないが四四年後半に五～六基が発射されたとされる。ライントホター3の重量は一五キロで液体燃料型と固体燃料型があり、四四年七月に実験機が完成して四五年一月五日までに六基が発射され、五基が固形燃料で一基は液体燃料だったが、ラインメタル社は四五年に一五基のライントホター3がカールスハーゲンで発射されたと記録する。弾頭はクラニッヒ音響信管使用で爆弾や焼夷弾など幾種かが計画されたが実験されなかった。

それ以外に有人操縦ライントホター計画もあって有望だと見られていたが、機首のうつ伏せパイロットが地上指令で目標まで誘導した後に、パラシュート脱出するものだが設計案から出なかった。

地対空誘導弾エンツィアン

メッサーシュミット社の地対空誘導弾エンツィアン（りんどう）でロケット推進の無線操縦式で弾頭は500キロ炸薬充填で重爆迎撃が目的だったが戦車など対地攻撃も考えられた。

地対空誘導弾エンツィアン

地対空誘導弾メッサーシュミット・エンツィアン（りんどう）は、ホルツバッハ・キッシング社のウルスター博士設計の、ロケット推進無線誘導の亜音速地対空誘導弾で、弾頭に時限信管付きの五〇〇キロ炸薬を充填し、重爆編隊攻撃のほかに戦車など対地攻撃も考えられた。

エンツィアンは樽型のずんぐり形状で、機体は合板の特殊糊接着構造で町工場にて組み立てが容易だった。二種の燃料タンクと二種の遠隔作動サーボモーターを有する無線誘導方式で、二枚の大きな後退角付き主翼に電動舵面があり、後部に動力装置と二枚の垂直尾翼を備えた。信管は弾頭部の送信機からの信号で起爆するAEG社製の音響信管フックスをはじめ、音源を波長の振幅で捉えるドップラー効果利用のクーゲルブリッツ、赤外線熱源感知のパピルツ、ルールシュタール社の音響信管クラニッヒなどがあったが充分に開発が完了していなかった。

一九四三年末に開発力の高いメッサーシュミット社へ移管されて四四年初期に最初の機体が製造された。連合軍の爆撃が激しくなりゾントホーフェンのキッシング工場へ移り、ふたたびオーベルアマーガウ付近のメッサーシュミット工場へ移動した。当初、FR1（対空ロケット＝フラック・ラケテ1）と称されたが四四年一月からエンツィアンと呼ばれるようになり、さまざまな開発型があった。

生産型エンツィアン4は重量一・八トン、最高時速九一〇キロで機体外側に四基の加速用固体燃料ブースターのシュミッディング109-553ロケット（七〇秒）が装備された。ロケットは重心維持のため噴射ノズルは外向角度三〇度で、八八ミリ対空砲架利用のレールから迎角七五度で射出後、高度七三〇〇メートルにて爆発ボルトで投棄される。主動力のワルター・ロケットは上昇限度一万五九〇〇メートルと期待したが、固体燃料では最大で七一〇〇メートルにすぎなかった。

六〇基製造で三八基は飛行実験、一六基は無線制御試験で用いられたが実戦投入はなかった。各種のエンツィアン・モデルは、つぎのとおりである。

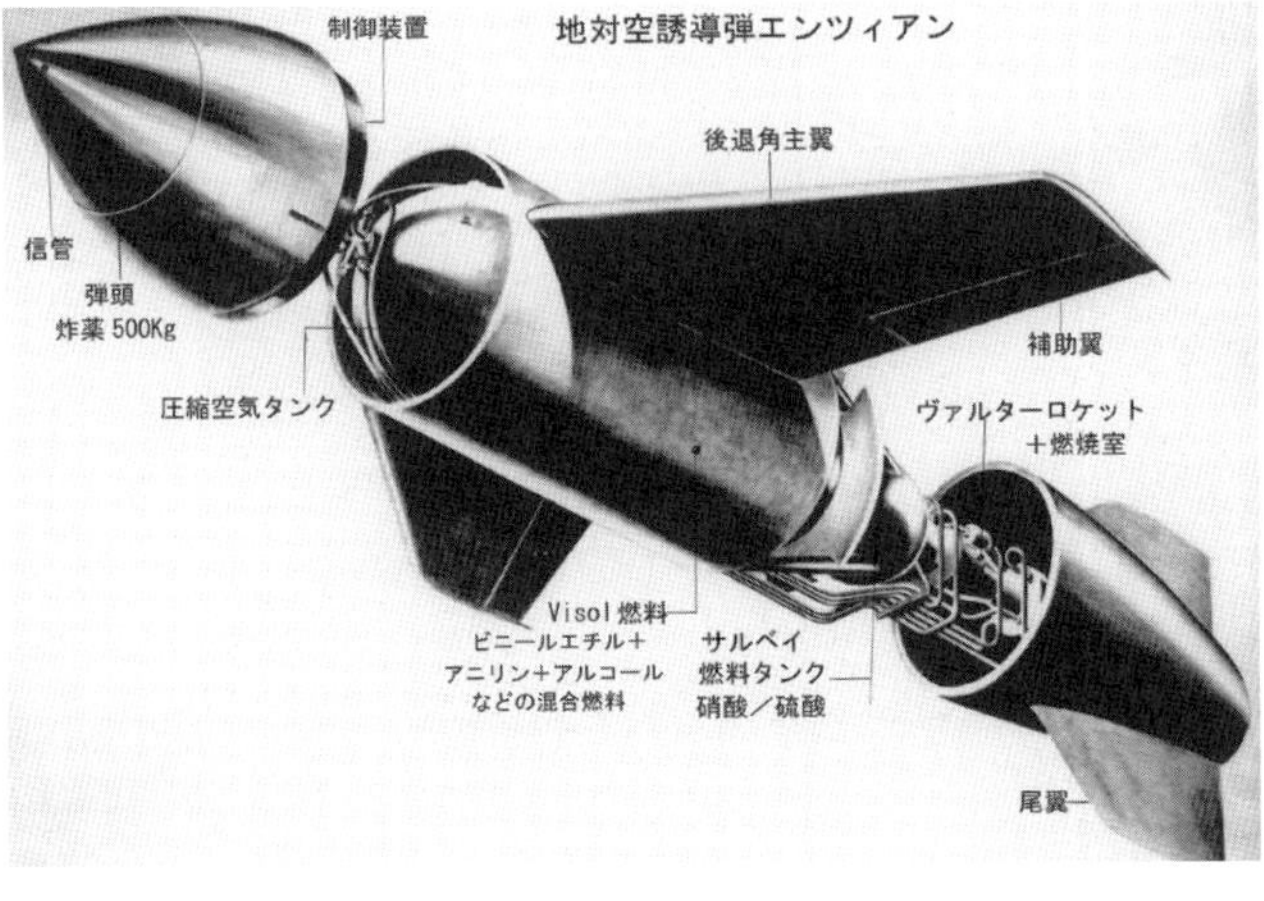

重量1.8トンのエンツィアンは60基ほど製造されて多くの実験が行なわれた。各種の発展型の開発がなされたが、1945年1月に計画は中止されて実戦化されなかった。

●ＦＲ１（対空ロケット１）エンツィアンの原型で二枚の九〇度後退翼と二枚の垂直尾翼を有した。●ＦＲ２は設計のみ。●ＦＲ３はＦＲ１改良型で円筒状機体に流線形の主／尾翼を設けた。●ＦＲ３ａは機体の流線形化型。●ＦＲ３ｂは主翼幅拡大型。●ＦＲ４は尾翼撤去と九〇度後退角主翼をもう二枚追加。●ＦＲ５はワルターＲＩ２０３ロケット装備予定機。●ＦＲ６はワルター１０９‐７３９ロケット装備予定機。

一九四四年一月以降＝●エンツィアン１は尾翼面積増加型で数基が飛行実験を行なった。●エンツィアン２は木製機体で誘導装置がトランスポンダー（応答）型か有線式かの選択だが製造されなかった。●エンツィアン３Ａは球形燃料タンク使用型。●エンツィアン３ＢはコンラトＶＦＫ６１３‐Ａ01エンジン装備予定機。●エンツィアン４は機体と翼が大きい最終生産型でワルター・ロケット・エンジンの見通しが悪くてコンラト・ロケットが予定された。●エンツィアン５は流線形の超音速機で設計のみ。●エンツィアン６は有線誘導の対戦車誘導弾だが同様に設計のみだった。

一九四四年一一月〜四五年一月に新合板機体が開発されたものの、戦況悪化と資材効率化のためにエンツィアン計画は同年一月一八日に公式に中止された。しかし、メッサーシュミット社が開発を続行するも三月中旬に完全に放棄された。

地対空誘導弾
フォイアリーリェ

地対空誘導弾のフォイアリーリェ（火のゆり）F55。軌道データ調査用のF25と大型化したF55があり実験が行なわれたが実用型は生まれなかった。

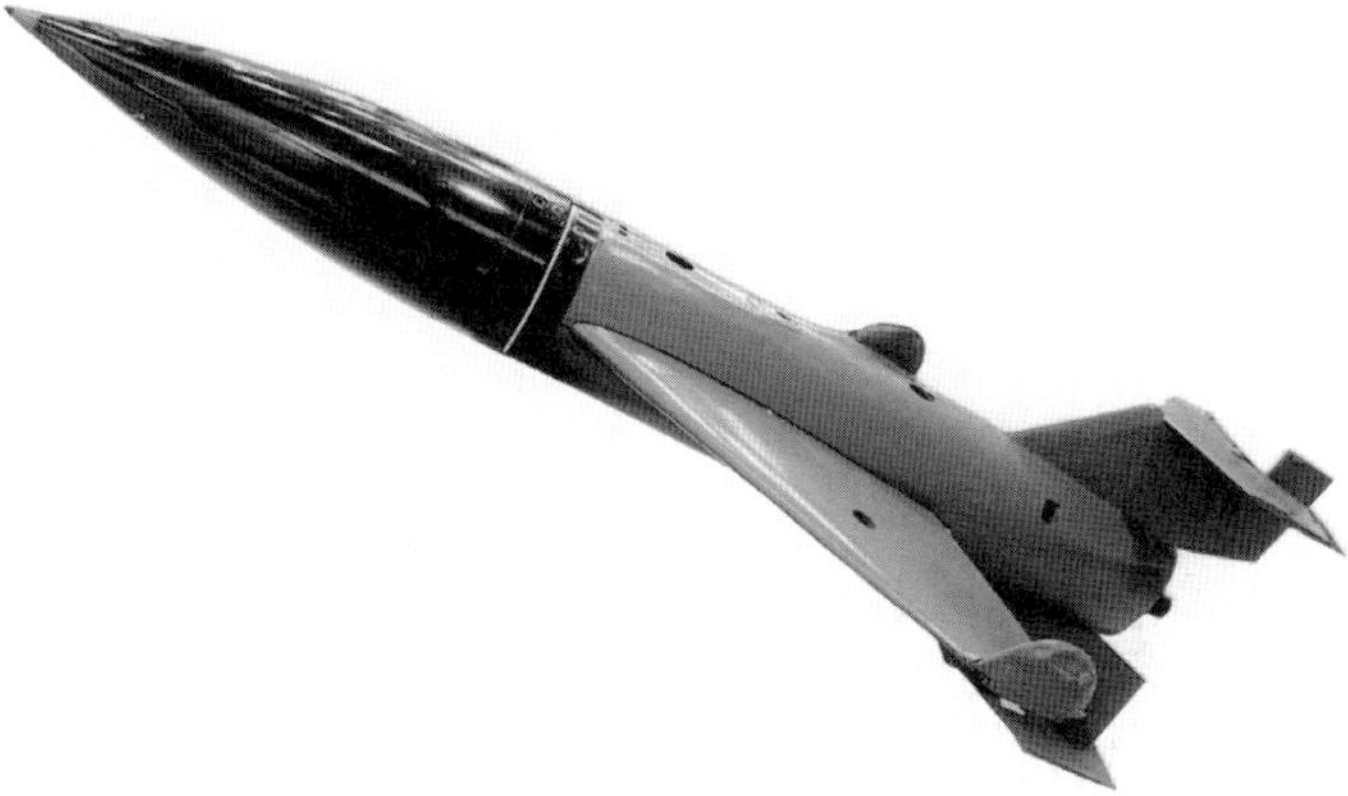

フォイアリーリェF25。ラインメタル社製の誘導装置のない軌道データ獲得用ロケットで1943年に少数機が実験されF55へ発展する。

地対空誘導弾フォイアリーリエ

地対空誘導弾のフォイアリーリエ（火のゆり）は、空軍調査研究所で将来の高速誘導弾計画の一環として開発されてラインメタル・ボルジク社で製造された。つづいて、空軍実験所（LFA）でブラウン博士とビューセマン博士の指揮により、F25とF55を中心に少数機が製造されて一九四三年夏に実験飛行が行なわれた。

F25は軌道データ獲得用で誘導装置のない先端の尖った円筒形機体の上下に、アルミニウム合金製の後退翼二枚と尾部に垂直尾翼と水平安定板がある。昇降舵は発射前にあらかじめセットされ、ジャイロスコープとエルロン（補助翼）の結合で飛行中の横転を防いだ。全長二・一メートル、直径二五センチ、重量一二〇キロで、増速ロケットはラインメタル社の固体燃料RI502ロケット二基、主ロケットは固体燃料ラインメタル109−505にて最大時速八四〇キロである。

つぎの超音速型F55はずっと大型で一九四三年春から開発が開始され、ジャイロスコープと電気マグネットによるエルロン（補助翼）作動で、コンラッド博士が開発中だった推力六三五〇キロを七秒間発生させる強力な液体ロケットエンジンの搭載を予定した。翼幅二・五メートル、全長四・八メートル、直径五五センチ、重量四七〇キロで炸薬一四七キロ、設計最大時速一五〇〇キロ、航続距離六五〇〇メートルである。

F55は四四年五月に最初の実験がポメラニアのレバで行なわれて成功し、マッハ0・85（一〇二二キロ）と一・二（一四四〇キロ）を達成した。二回目の試験は四四年一一月にペーネミュンデで行なわれたが失敗し、以後の三回目も成功しなかった。このフォイアリーリエ（火のゆり）プログラムは戦争末期の一九四五年はじめまで継続したが戦況悪化により中止されて実用型は生まれなかった。

地対空誘導弾
ワッサーファール

ワッサーファール（滝）はＶ２（Ａ４）の半分の大きさの地対空誘導弾だがＶ２と異なる処理の容易な硝酸とアニリン水溶液を用いて有望だったが完全開発には至らなかった。

地対空誘導弾ワッサーファール

ワッサーファール（滝）の研究は一九四二年末にペーネミュンデに近いカールスハーゲンの空軍調査研究所ではじまり、その後、ＥＭＷ（エレクトロ・メカニッシェ・ヴェルケ）で開発した。外形はＶ２（Ａ４）ロケット似だが大きさは三分の一で全長は七・九メートルの地対空誘導弾である。

ドイツ諸都市へ向かう連合軍の爆撃機編隊を阻止すべく、毎月五〇〇〇基を生産してドイツ沿岸防空三地区に八〇キロ置きに二〇〇ヵ所の発射地を設置して、鉄道輸送の簡単な垂直台から発射する計画だった。

Ｖ２の危険な液体酸素燃料に代わる硝酸とアニリン水溶液は輸送も取り扱いも容易で、Ｖ２のタービン・ポンプ燃料噴射と異なり圧縮ガス注入の簡便な方法に改められた。

高度一万メートル以上を飛行する爆撃機を迎撃し、時速九〇〇キロにて航続力五〇キロ～一〇〇キロで、弾頭爆発で一気に数機を撃墜すべく数種の誘導装置が研究された。第一はレーダー追尾方式、第二は発射されたワッサーファールをレーダーで追尾して、無線誘導で目標付近にて弾頭を爆発させる。第三は赤外線（熱源）追尾式だった。

飛翔中のワッサーファールで高度1万メートルを飛行する爆撃機編隊を時速900キロで迎撃して目標付近で800キロ炸薬を爆発させて一気に数機を撃墜する計画だった。

外観は魚雷型で円錐形ロケットの中央と尾部に四枚の安定翼とロケット噴出口に飛行姿勢制御用の四枚の「ひれ」を有した。機体は大量生産を意図して八区画に分割され、構造強化のために燃料容器が骨組みの一部とされた。ロケット推力は八〇〇キロで四五秒間作動するが推進システムはＶ２に似るものの全体に単純化された。起爆は専用の近接信管が予定されたがまだ充分に開発されず、特殊波長信号を受信する通信機器を用いた。

レーダーで追尾するテレフンケン社のラインゴールド装置とリンクするエルザスと呼ばれる制御装置が用いられた。直径三メートルのパラボラ・アンテナとヴュルツブルグ・レーダーが設置され、ジョイスティック、望遠鏡、オシロスコープ（ブラウン管）が連動する。昼間はレーダー・システムと望遠鏡で有視界誘導を行なうが、夜間は誘導員がジョイスティックでオシロスコープ上で制御した。また、レーダーにより誘導弾を追尾し、応答器を介して方向探知装置を起動させて針路と俯仰角を制御する方法など、テレフンケン社で進んだホーミング（追尾装置）が試験段階にあった。

ワッサーファールの針路と姿勢制御は、V2（A4）同様に尾部の四翼の舵面とジェット噴流口にある同数のベーンで行なうが、無線受信機が受ける電気信号がアスカニア社製の油圧遠隔サーボ機構を作動させた。V2のような複雑な燃料処理は不要で、輸送トロリーで運ばれて垂直に発射するのが特徴で、最高時速は一三七〇キロ、射程は一七・七キロだった。

一九四三年三月～六月に量産前型が実験されて九月に三基分の部品を製造し、四四年二月二八日にグライスヴァルダー・オイで発射実験が行なわれたが、高度七一〇〇メートルを下回り超音速域に達しなかった。四四年七月までに七基が実験されて同年末までに追加発射も行なわれたが、カールスハーゲンの工場が連合軍に爆撃されて開発は遅延した。

四五年一月一日までに二四基を無線誘導試験に用いたが一〇基が失敗で同年二月六日に開発は停止された。なお、V2は一基製造に四〇〇〇マンアワーだが、ワッサーファールは一〇分の一の五〇〇時間で生産できた。一四〇〇〇名の労働者が六万平方メートルの工場で生産に従事する計画だったが、完全開発はならず生産も行なわれなかった。

空対空RZロケット弾

50リッターの火炎燃料（ナパーム効果）を充填した28／32センチロケット弾と発射架でＦｗ190Ｆ－８に搭載して対戦車攻撃兵器として実験が行なわれた。

ラインメタル・ボルジク社製の7.3センチ空対空ＲＺ65ロケット発射筒を主翼に搭載した実験機Ｂｆ109Ｆ２戦闘機だが飛行性能も命中率も悪かった。

21センチＷｇｒ21対空ロケットを装備した第３戦闘航空団所属のＢｆ109Ｇ６／Ｒ６で1943年初期の連合軍爆撃機の編隊迎撃戦では大きな効果を発揮した。

哨戒飛行中の双発駆逐機Ｂｆ110Ｇ２／Ｒ３で主翼下にＷｇｒ21センチ対空ロケット砲と機体下に30ミリ機関砲を搭載している。重武装により性能は非常に悪化した。

Ｍｅ410の主翼下に21センチ・ロケット発射筒３門を集束して機首に30ミリ機関砲を装備した重武装の迎撃機だが実験のみに終わった。

空対空RZロケット弾

ドイツの空対空有翼ロケット弾は一九三七年にラインメタル・ボルジク社が実験し、距離一〇〇メートルで三・六メートル四方の目標に命中させた。大戦二年目の四一年にクライン博士の主導で秘匿名称ＲＺ65（ラウホツェリンダー＝発煙筒の略）対地攻撃ロケット弾が開発された。

実験は双発機のＢｆ１１０、爆撃機のＨｅ１１１、双発駆逐機Ｍｅ２１０Ｖ４や、一時期Ｆｗ１９０単座戦闘機も用いて二九九三発が発射された。命中率は二〇ミリＭＧ／ＦＦ機関砲は二六パーセントでＲＺ65は一五パーセントと低く、つぎの改良型のＲＺ73は小数製造のみだった。折からシュナイダー社が対空ロケット発射筒を開発して一五・八センチ・ロケット弾をＢｆ１１０双発駆逐機で実験したが生産されなかった。改良型のＲＺ１００は口径四二センチで弾頭炸薬量は七三〇グラムに増加し、Ｍｅ２１０駆逐機で地上試験が行なわれたが機体損傷でＲＺシリーズは終了した。

しかし、ドイツ本土は空襲の激化で迎撃戦が激しくなりパイロットたちは英米爆撃機編隊の防御火網の外側から攻撃できる兵器を求めた。そこで、すでに地上戦で用いていた28／30センチ・ネーベルヴェルファー41ロケット（二八センチと三二センチ弾）多連装発射筒を空対空（および空対地）ロケットに転用して実験した。その後、口径二一センチ・ロケット発射筒（Ｗｇｒ・21）となり、単座機のＢｆ１０９Ｇ６用は「Ｒ２」でＦｗ１９０用は「Ｒ６」と称した。プルク・ツァシュテーラー（駆逐部隊）のＢｆ１１０も主翼下に二〜四基を搭載した。発射管長は一三〇センチで乗機のレフィ16Ｆ反射照準器を用い、ＥＲＺ38電気点火装置で発射するが射程一四〇〇メートルである。

最初の戦果は四三年八月七日に来襲した米第八航空軍の三七六機のＢ17爆撃機中六〇機（一六パーセント）を撃墜して、二一センチ・ロケット発射筒が大きな役割を果たした。同年一〇月一四日、米第八航空軍の有名なシュバインフルト爆撃では二九一機中六〇機を撃墜し、一七機行方不明、一二一機は重大損傷で米航空軍崩壊の危機といわれた。やがて、Ｐ51マスタング戦闘機が随伴し、重いロケット発射筒の搭載は重荷になった。

Ｆｗ１９０Ｆ８に五〇リッターの可燃オイル（ナパーム効果）充填の三二センチ・ロケットを「ヤークト42発射架」に搭載しての対戦車戦闘の実験や、Ｆｗ１９０Ｆ８に米軍バズーカ砲のコピーである「パンツァーブクセ八・八センチ発射筒」をＲＰｚｂＧｒ・４３２２と称して試験した。また、空対地戦用に六基の二一センチ回転発射筒をＭｅ４１０で試験したり、ラインメタル社で数種の実験が実施されたがロケットは精度に劣るのが欠点だった。

対空ロケット・タイフン/R４Mオルカーン

世界最初のロケット戦闘機Ｍｅ163Ａの主翼に搭載された非誘導型の安定翼付きロケットＲ４Ｍオルカーンで12000基が実用試験のために導入された。

第７戦闘航空団第９中隊所属のジェット戦闘機Ｍｅ262ａ１ａの主翼下の木製発射架に装備されたＲ４Ｍオルカーン・ロケットで最初の迎撃戦でＢ17を撃墜している。

対空ロケット・タイフン／R4Mオルカーン

タイフン・ロケット発射装置

一九四四〜四五年にかけて連合軍の爆撃機迎撃でもっとも必要な兵器として地対空誘導弾「タイフンＦ」二万基と「タイフンＰ」五万基が発注された。これは四四年にミッテルヴェルケでショイフレン博士を中心にして開発がはじまり、液体燃料使用ロケット弾だが一発二五ライヒスマルクと最も安価だった。重量〇・六二五キロで全長一メートル九八センチのロケットを六〇連装にしたもので、発射角〇・五度の発射筒内に螺旋レールを設けて毎秒三回転をあたえた。特殊スイッチで一・五秒間隔（最小発射間隔は〇・〇二六秒）で、高度一万メートルへ一斉に発射して直径二五〇メートル範囲で効果をあげる予定だった。

ミッテルヴェルケはドイツ崩壊直前の四五年三月に北ドイツのハルツ山地へ疎開して初実験が実施されたが、輸送体制が崩壊して液体ロケット燃料の確保ができなかった。改良型のタイフンＰはロケット以外はタイフンＦと同じだが、安価で安全な固体ロケット燃料が供給できなかった。なお、液体燃料は均等燃焼で固体燃料は不均等燃焼でロケットの性能に影響をあたえた。一九四五年五月に米軍に占領された第四〇トンネル工場で三基のタイフンと部品が発見されて関心を惹《ひ》いたが、一説では弾頭部のないタイフン一〇〇基が完成したとされる。

R4Mオルカーン・ロケット弾

すでに連合軍はロケット弾を戦闘爆撃機に搭載して広範囲に使用していたが、ドイツのＲ４Ｍオルカーンも単座／複座の戦闘機に装備して用いる非誘導タイプの安定翼付きロケット兵器である。Ｒ４Ｍの長射程を利して迎撃機がＢ17重爆の密集梯団の防御砲火の外側から攻撃できる効果的な兵器だった。

Ｒ４Ｍオルカーンは弾薬企業のフェーバー社が一九四三年に開発したもので、三〇ミリ機関砲と同サイズで全長八一・二ミリ、炸薬〇・五二キログラム、射程一五〇〇メートルである、「Ｒ」はロケット、「４Ｍ」は四キログラムを意味した。発射速度は毎秒五五〇メートルと速く、発射直後に開傘する八枚の羽で飛翔を安定させ、信管は命中後に起爆する遅延信管を内臓していた。

実用試験とともに一万二〇〇〇基が納入され、第七戦闘航空団と第四四ジェット戦闘機隊（ＪＶ44）のメッサーシュミットＭｅ２６２ジェット戦闘機（一部のＦｗ１９０も搭載）に装備された。主翼下面の木製発射架に片翼一二基で計二四基搭載したが、最後の迎撃戦でＢ17を撃墜して光彩を放った。有効な兵器だが出現が遅すぎ、かつ、ドイツのあらゆる輸送システムが破壊され大量生産も供給も不可能になっていた。

防空ロケット発射器フェーン／フリーガーファウスト

7.5センチ防空ロケット35連装発射器フェーンで本来は爆撃機の迎撃用だったが大戦末期に地上戦で用いられて効果的だったが投入数は少数だけだった。

16連装の10.5センチＲＷ防空ロケット発射器で8.8センチ対空砲架上に搭載した。チェコのピルゼンのスコダ社で開発されたが実験のみで終わった。

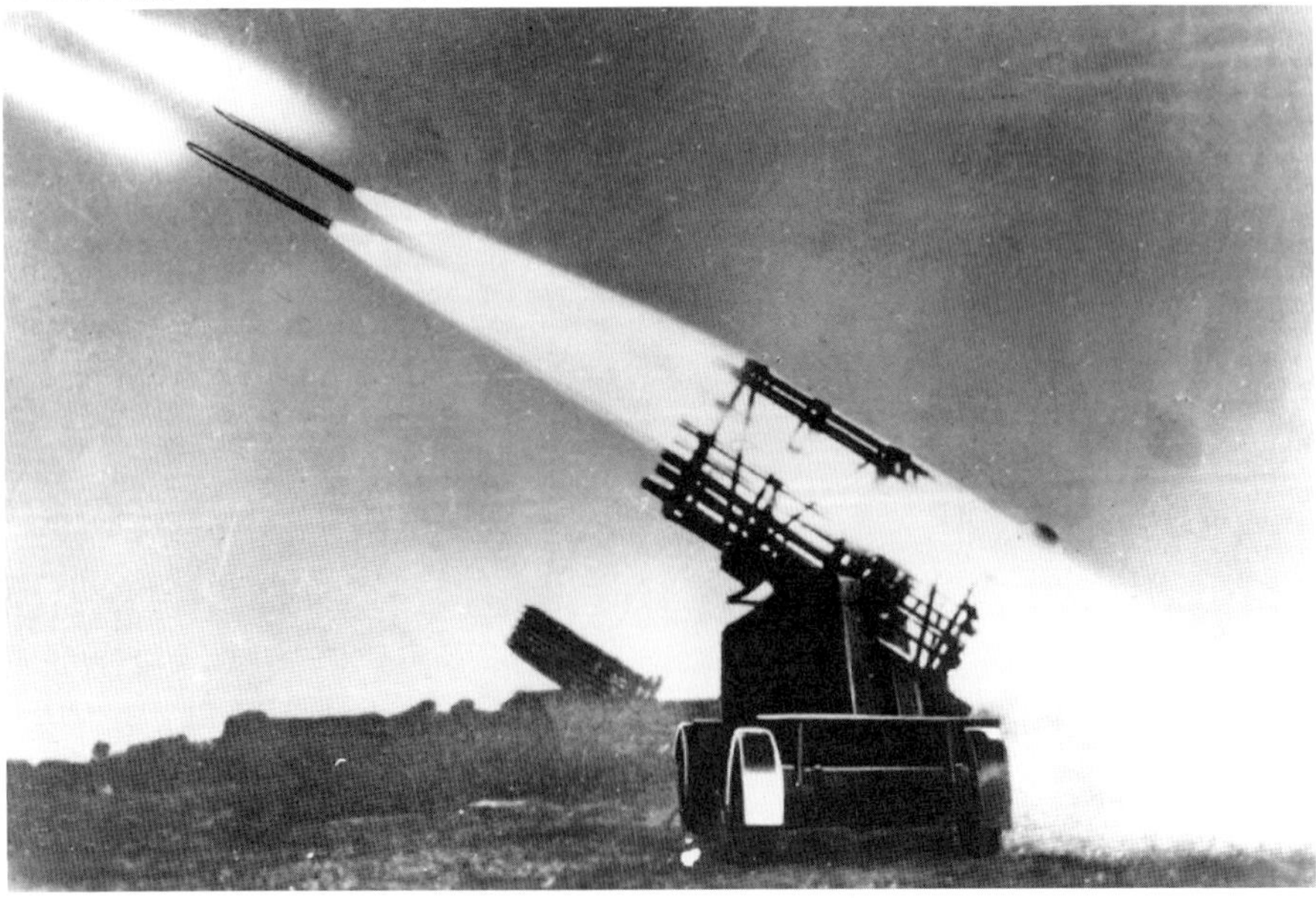

防空七・五センチ・ロケット発射器フェーン／防空一〇・五センチ・ロケット発射器／フリーガーファウスト

防空ロケット兵器は一九三〇年代に開発がはじまり、英国はこの分野で多種のロケット兵器を生み出した。他方、ドイツは一九四三年まで対空砲に重点が置かれたのは、V2（A4）ロケットのような驚異的な兵器開発のレベルからすると不思議に思えるほどだった。しかし、ロケットの利点により最初の兵器がタルネヴィッツの空軍実験所で開発された。

これはフェーン（南風）と称する口径七・五センチの三五連装ロケット発射装置で、箱型フレームに纏められてコンクリート固定床か車両上の移動架に据えた。ロケット弾重量は二・七四キロか三・七五キロで、弾頭に着発信管付き二五〇グラム高性能炸薬を充填して弾幕を張る効果的な兵器だった。

大戦終了間際に少数が地上戦で火砲の代わりに使用されたが、本来の爆撃機迎撃では成功しなかった。

似たような防空用の一〇・五センチRWロケット発射器は一九四五年にチェコのピルゼンのスコダ社で開発された。八・八センチ対空砲架上に重量一六キロのロケット弾一六発の発射架を搭載したが実験のみに終わった。

また、V号パンター戦車搭載案もあったが設計段階だった。

もうひとつ、ユニークな連合軍の低空攻撃機を迎撃するヒューゴー・シュナイダー

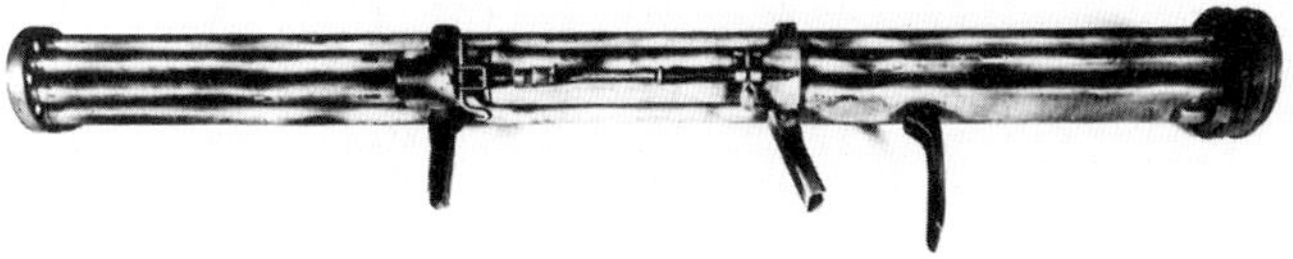

歩兵用の肩撃ち兵器のフリーガーファウスト（飛行鉄拳）で2センチ・ロケット弾発射管9本を集束し、4発と5発を2斉射する効果的な迎撃兵器だったが少数使用に終わった。

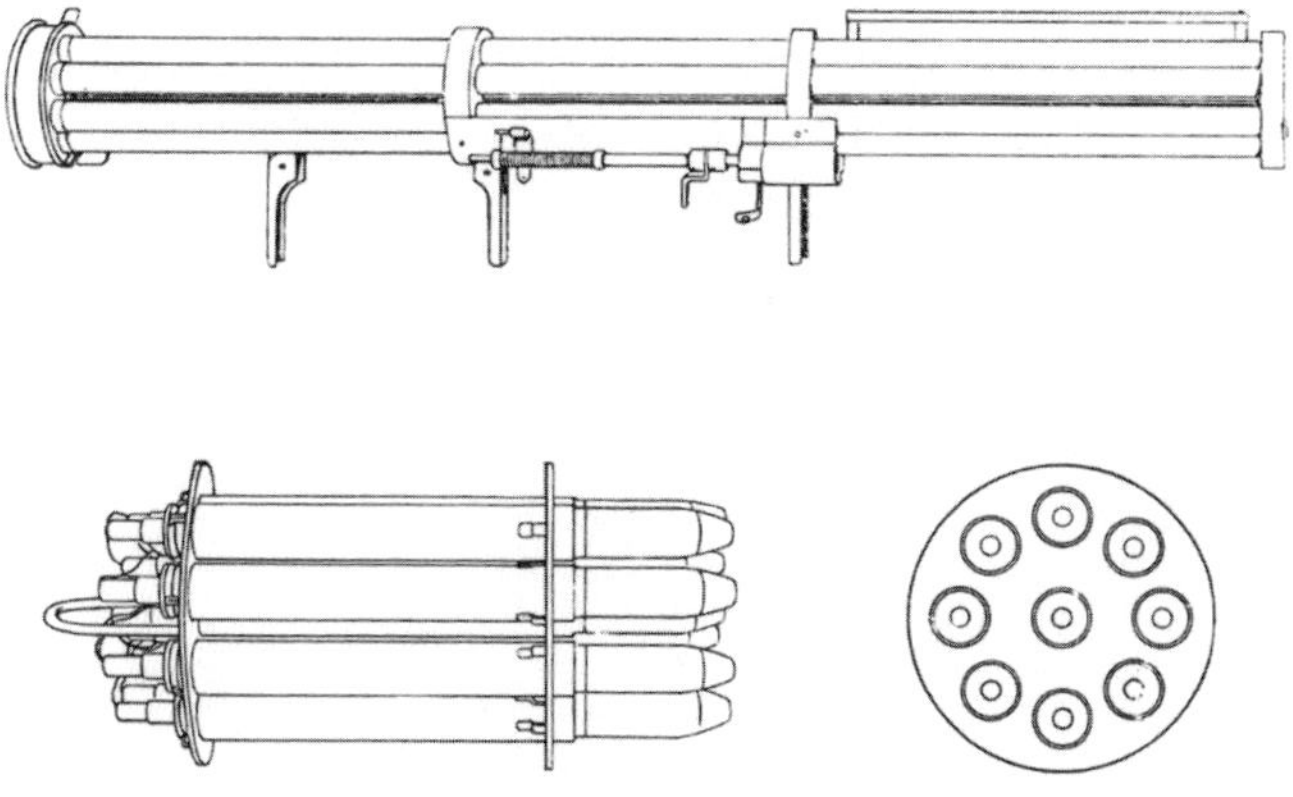

上は歩兵用の肩撃発射筒フリーガーファウストで下左右は9連装の2センチ砲弾クリップ。

社の歩兵の肩撃ちロケット兵器があった。最初に二センチ発射管四本と二センチ対空砲弾を発射するルフトファウスト（航空鉄拳）が開発され、次いで発射管を六門にしたのがルフトファウストA型だが採用されなかった。

さらに改良型のB型はフリーガーファウスト（飛行鉄拳）と称された。これは、肩射ちロケット発射管九本を集束した筒状兵器で、前下方に握把があり、後部下方のレバーを引いて電気点火発射する。最初にロケット五門が斉射され、残り四門が〇・二秒後に発射されるが分散射撃効果は高かった。

標準の二センチ航空機関砲弾に棒状の無煙推進薬を充填したが、砲身内旋条付き発射管の付け根に電気点火用火薬があり、発射ガスは四個の排気孔を通って排出され、回転飛翔にて弾道を安定させた。簡単な光学式照準具を用いて有効射程は五〇〇メートル、最大射程二〇〇〇メートルという効果的な兵器だった。

一九四五年一月に緊急に兵器化が承認されて一万基製造が予定されたが、戦場の歩兵たちには供給されなかった。戦争後に連合軍が発見した小数のフリーガーファウストがこの兵器が実在したことを証明するだけである。

跳躍爆弾クルト

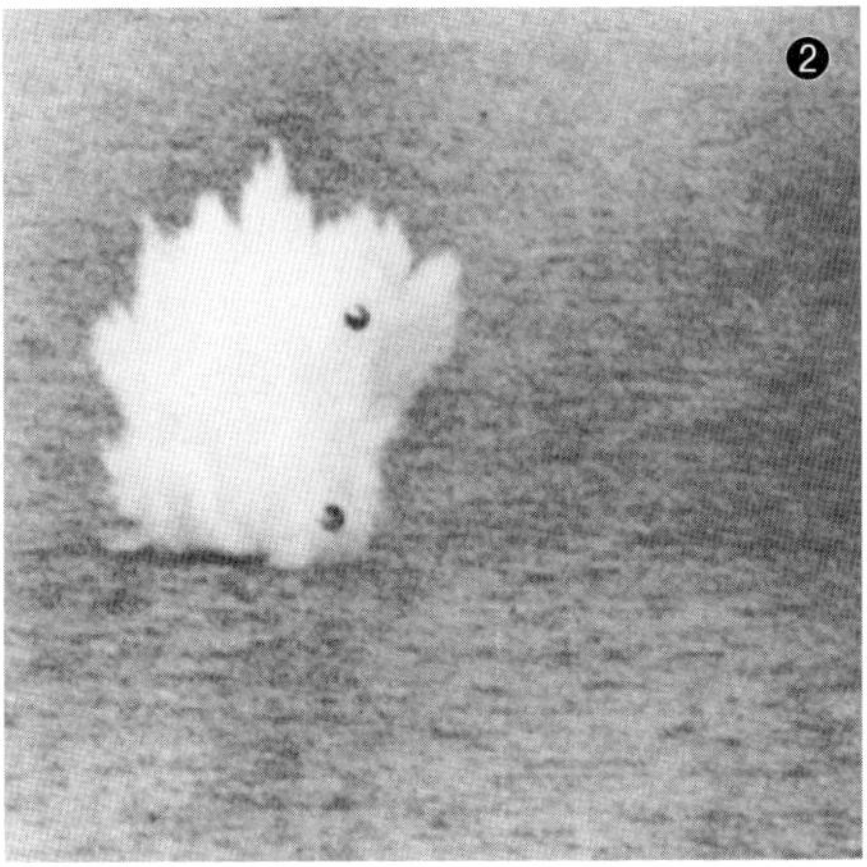

英空軍のダムバスター爆弾に触発
されて開発された跳躍爆弾クルト。
このＦｗ190戦闘機からの投下実
験の写真は35ミリフィルムからの
プリントで不鮮明である。

跳躍爆弾クルト

一九四三年五月一六／一七日の夜に英空軍第六一一飛行隊のアブロ・ランカスター重爆が、ドイツ兵器産業に電力を供給する重要なルール地方のメーネとエダーダムを奇襲して破壊した。ここで使用されたのはヴィッカース社のバーンズ・ウォーリス博士の開発したダムバスター爆弾である。石を水面へ投げてスキップさせる原理を用い、機上でベルト駆動で回転をあたえられた爆弾を低高度から投下して、スキップ効果により水面を跳躍してダム壁面に当たり、沈みながら爆発させた。

ドイツはこのウォーリス爆弾に触発されて、四三年中旬に対艦船攻撃兵器として空軍のトラーヴェミュンデ実験センターで跳躍爆弾クルト（特殊爆弾ＳＢ８００ＲＳ　Ｋｕｒｔ１）を開発した。基本アイデアはダムバスターと同じで、重量三八五キロの機積タイプの球形爆弾を高度一八メートルの低高度から時速六〇〇キロ以上で投下し、スキップしながら目標に当たって沈みつつ水圧信管作動で起爆させた。投下実験の初期にメッサーシュミットＭｅ４１０双発駆逐機が使用され、のちにフォッケウルフＦｗ１９０単座戦闘機で試験が行なわれたものの充分な跳躍力や命中精度が得られなかった。

そこで、搭載機の安全性と射程増大のために球形爆弾の後方にロケット推進装置と四枚翼を装備したクルト２になり、距離は延伸したが強い前進力により爆弾に横揺れが生じて針路を外れる傾向があった。最後にジャイロスコープ安定装置を装備して、投下後のコースの逸《そ》れを検知修正する方式に改良したが、四四年一一月に各種実験以前にクルト計画は中止された。

機載火砲ボルトカノーネ

ボルトカノーネ（ＢＫ）シリーズの7.5センチＢＫ砲をＪｕ88Ａ４爆撃機に装備してＰ１と称したが東部戦線の対戦車戦に用いて成功した。

Ｊｕ87Ｇ１シュツーカ急降下爆撃機の主翼下に3.7センチ・ボルトカノーネ（ＢＫ）を両主翼下に装備してロシア戦線でソビエト戦車の撃破によく活躍した。

Ｈｓ129Ｂ３地上攻撃機の機体下に装備された3.7センチ・ボルトカノーネ（ＢＫ）だが43年夏の南ロシアのクルスク戦場での対戦車戦で活躍した。

Ｍｅ410Ｖ２（Ａ－０改装）快速爆撃機に搭載された5.5センチ・ボルトカノーネＢＫ５でタルネヴィッツの空軍第25実験隊でテストされた。

Ｍｅ262Ａ１ジェット機で５センチ・ボルトカノーネＢＫ５を機首に装備して戦争終了直前にレヒフェルトで飛行実験を行なっている。1945年の米軍捕獲時の撮影である。

機載火砲ボルトカノーネ・シリーズ

地上攻撃を行なう大型砲搭載機はドイツでボルトカノーネ（機載砲）と呼ばれ、航空機の高速性と構造強度に問題があったが幾種かの開発と実用化が行なわれた。

　モーゼルMK213C二センチ機関砲（三センチ砲もあった）、三・七センチ対戦車砲、五・五センチ対戦車砲、七・五センチ対戦車砲の搭載と発射の衝撃吸収や自動装填機構が研究された。一発で敵機を撃破できるミネンゲショッスと呼ぶ砲弾殻の薄い高性能炸薬弾やTNT火薬より高威力な爆薬開発も行なわれて、大型火砲の航空機搭載が可能になった。

　最初の型は五センチ・ボルトカノーネ（5cmBK）と呼ばれ、Ju88爆撃機に反衝緩衝装置とともに装備されて成功した。つづいて二二発の自動砲弾装填器の開発で毎分四五発の発射弾数が得られ、大戦末期までに三〇〇セットが製造された。多くは東部戦線へ送られて対戦車戦闘任務につき徹甲弾が多く使用された。引き続きモーゼル社も発射速度が毎分一四〇発という五センチ機関砲214を開発したが戦争終結により生産されなかった。

　なお、ボルトカノーネ・シリーズのJu88P－1はBK七・五センチ対戦車砲（PaK40）搭載型、P－2はBK三・七センチ対戦車砲搭載型、P－4はBK五センチ対戦車砲（PaK38）搭載型である。なお、実戦ではJu87Gシュツーカ急降下爆撃機装備のBK三・七センチ対戦車砲、Hs129地上攻撃機搭載のBK三・七センチ対戦車砲がソビエト戦車の撃破に威力を発揮した。また、Me262ジェット機にもBK5を装備して実験された。

　もっとも優れた機載火砲はMe410に搭載された五・五センチ自動砲の改良型BK5でMe410に搭載されたほか、Me262ジェット機にも装備して実験された。ほかに、ラインメタル・ボルジク社も発射ガス利用緩衝装置付きのMK112と、ガス圧利用の弾倉駆動機構を有するMK115の二種を設計したが、両砲ともに毎分三〇〇発という高発射速度だった。クルップ社はラインメタル社の毎分三〇〇発の発射速度を採用したが機体にあたえる衝撃が大きくて生産されなかった。

　最後の機載兵器は四四年末に七・五センチ対戦車砲に一二発の自動装填機構を設け、新反衝装置と効果的なマズル・ブレーキ（砲口制退機）装備でHs129B－3／Wa地上攻撃機になった。四四年末までに三〇門が発注されて四五年初期に一〇機ほどが第九高速爆撃航空団一四中隊（戦車）で用いられ、一四回の出撃でスターリン戦車をふくむ重戦車九両を破壊したとされる。しかし、投入数はあまりにも少なくて怒濤のような赤軍の戦車軍を阻止することは不可能だった。

旋風砲/音波砲/風力砲/電磁砲

ヒラースレーベン陸軍実験場で発見された水蒸気をふくむ圧搾空気の塊を発射して爆撃機を撃墜しようとした風力砲発射器の実験設備。(Simon Report, U.S. Army)

オーストリアのローファー研究所でリヒャルト・ヴァラーチェク博士が開発した巨大な音波砲の実験設備で音波反射器が見える。(Simon Report, U.S. Army)

旋風砲／音波砲／風力砲／電磁砲

二次大戦後半、連合国空軍の大規模戦略爆撃でドイツ諸都市がつぎつぎと灰燼に帰したとき、ドイツ軍は効果的な迎撃兵器を必死にもとめた。軍需企業提案の玉石混淆《ぎょくせきこんこう》のアイデアのなかに炭塵爆発で旋風を発生させる「旋風砲」、音波放射の「音波砲」、圧搾空気の塊を発射する「風力砲」、そして、脅威の発射速度を得る「電磁砲」があった。

「旋風砲」は、アルプス山中のローファー研究所のツィッパーマイヤー博士による、空想兵器的な装置で研究実験段階だった。博士は、強力な旋風は上空の飛行機を制御不能にして墜落させ得るとし、特殊な燃焼室で大規模爆発を起こして生成された爆風（旋風）を噴射口から空中へ放射しようとした。

実験では距離一八三メートルで一〇センチ厚板を粉砕できたので実物装置を制作したが、質量不足により高々度飛行の爆撃機に影響をあたえるほどの旋風を生成できずに計画は中止された。ここで、博士は別の方法を考案した。それは砲弾の中央に石炭粉末を封入して、炭塵爆発により大規模な空気噴流を発生させようとしたが開発は中止された。

もう一種、同じローファーの研究所で開発が進められたのは「音波砲」で、リヒャルト・ヴァラーチェク博士によるものだった。

ある高波長域の音波が生物に対して破壊的効果を及ぼすという理論を応用し、機上の乗員たちにダメージをあたえようとした。巨大な音波発生装置の燃焼室でメタンと空気の混合燃焼で起こす連続爆発を増幅し、直径三・二メートルの音波反射器で空中へ放射する。実験では迎角六五度で距離六〇〇メートルにて毎秒八〇〇から一五〇〇サイクル音波放射で、三〇～四〇秒間浴びると生物に危険なレベルだとした。確かに高周波音（超音波）は近距離ならば動物に影響をあたえ、人間に対しても距離二七五メートルで相当な不快さを感じさせたとされる。だが、旋風砲同様に高空の爆撃機へ影響をあたえることはできないとわかり計画は破棄された。

「風力砲」はシュツットガルトのある企業の考案になるもので酸素と水素を混合して爆発を起こし、圧搾空気の塊を空中に放出して爆撃機を撃墜しようとした。この放出装置は陸軍ヒラースレーベン実験場で実際に組み立てられて、実験で二〇〇メートル先の二・五センチ厚板を破壊した。また、ある説によれば大戦末期にエルベ川の橋梁を防備したとも伝えられるが真偽のほどは不明である。

もう一つ電力利用の「電磁砲」アイデアはソレノイド（三次元コイル）が出発点で、今日のリニアモーター原理と同様に円筒鉄芯に銅線巻したコイルに通電して磁界を発生させ、電流の断絶で金属が直進運動を起こす現象を利用した。

二次大戦中にロンドン砲撃を意図してシーメンス社のムック技師チームが大電流と磁界の強力な反発磁力を用いて、砲弾を一秒間に一〇〇発以上発射すべく数種の電磁砲案を陸軍兵器局に提案した。一つは重量二〇四キロの大砲弾を発射する砲をフランスのリールに設けようとしたが、シュペア軍需大臣により非現実的だとして中止された。

もう一つは一九四四年一〇月に武器設備

製造会社（ＧｆＧ）の技術者ヘンスラーが、連合軍の爆撃機編隊阻止を目的に二センチ対空電磁砲を提案したが対空砲部隊にとってはまさに夢の兵器であった。この電磁砲は初速毎秒一八九二メートルで毎分六〇〇〇発という驚異的な発射速度（通常の二センチ砲は毎秒八三〇メートルで毎分一八〇発）だった。ベルリンからアルプス山中ベッターシュタイン付近に疎開して実験が行なわれ、理論上の初速毎秒二〇〇〇メートルを達成し、四五年二月に試作砲の製造が開始されたが完成しなかった。

別の四センチ電磁砲は重量六・三キロの特殊弾を発射するもので、初速は毎秒二〇一一メートルで発射速度は毎分六〇〇〇発、射高一万九二〇〇メートルまで一一秒と計算された。一ヵ所の対空陣地に六門配置して来襲する爆撃機編隊へ広範囲に砲弾を散布しようとした。ローファーの研究施設で小規模実験が行なわれて砲自体の製造は従来技術で可能だった。だが、実用砲にするには一門でも電圧が一三四五ボルトで一五九万アンペアが必要だとされ、数百門という多数の電磁砲陣地を運用するには、いくつもの専用発電所から巨大な電力供給が必要で、結局、現実性のない計画は進展しなかった。

有人飛行爆弾 ライヒェンベルグ

戦後に英国で調査された有人飛行爆弾ライヒェンベルグでＶ１飛行爆弾に操縦席を設けた構造がよくわかる。150機程度が製造されたが実戦には投入されなかった。

Ｖ１が生産されていたダンネベルグの森林地帯で発見されたライヒェンベルグを調査する英軍将兵が見える。本機は高度2500メートルで時速750キロの予定だった。

正式にはフィーゼラーＦｉ103ＲⅠ（実験機）、ＲⅡ（複座練習機）、ＲⅢ（実用機）、ＲⅣ（量産型）があったが親子飛行機ミステルの実戦化が優先された。

有人飛行爆弾ライヒェンベルグ

ライヒェンベルグは無人飛行爆弾Ｖ１（ＦＺＧ76／Ｆｉ１０３）にコックピットを設けて有人飛行機化したものでフィゼラーＦｉ１０３（Ｒｅ）と称した。Ｖ１は都市攻撃が目的で精密攻撃には向かず、パイロットの操縦で特定目標を狙う精密攻撃兵器へ転換する研究が行なわれた。しかし、弾頭を外して機銃やロケット砲を搭載する有人機転換には多くの問題があった。

戦争末期に連合軍がドイツ占領時にライヒェンベルグを発見して、太平洋戦域の日本軍による神風攻撃に似た自殺兵器だと評した。だが、ドイツ技術者の尋問では、当初Ｖ１を有人で操縦するための空気力学上の調査研究が目的だったと記録される。

一九四四年六月のノルマンディ上陸戦以降のドイツはＶ１飛行爆弾で英国を攻撃したが効果は薄かった。そんな折に特殊部隊を率いる武装親衛隊のオットー・スコルツェニーSS少佐がライヒェンベルグによる重要目標の攻撃案を推進した。

フィゼラーＦｉ１０３ＲⅠ、ＲⅡ、ＲⅢ、ＲⅣの四種が設計されてヘンシェル社が二週間で完成させた。ＲⅠはパルス・ジェットのない実験機、ＲⅡは複座の訓練機型、ＲⅢは単座型で推力三五〇キロのアルグス１０９－０１４パルス・ジェット・エンジンを搭載した実用型である。計画では高度二五〇〇メートルで最高時速七五〇キロ（六五〇キロ説あり）だった。四四年夏に二機がＨｅ１１１爆撃機に懸吊されて空中発射実験を行ない、ＲⅠ、ＲⅡでは女流パイロットのハンナ・ライチェとハインツ・ケンシュがテスト飛行を実施して、空中性能は評価されたが離着陸には熟練が必要だと評した。

生産はダンネベルグの森林内工場とプルヴァーホフ工場で一五〇機以上が製造された。量産型のＦｉ１０３ＲⅣは自動操縦装置と圧搾空気容器を撤去してコックピットを設けて手動操縦装置を装備した。最小限の計器盤とジャイロコンパス、バッテリーと変圧器が搭載され、空中発射時の母機との連絡用に有線ヘッドフォンとマイクロフォンが装備された。母機から発進する爆撃機編隊攻撃は三〇～四〇分間で終了して滑空にて基地へ戻るが、途中パイロットはパラシュート降下脱出する使い捨て迎撃機と考えられた。他方、地上目標への攻撃では急降下中に脱出するが、両案ともに背中搭載のジェット筒がきわめて危険だった。

志願者七七〇名が選ばれてノルマンディでの艦船攻撃が計画されたが、駅舎、橋梁へ目標が変更されるなどして士気が落ちた。他方、こうした戦術目標の攻撃に第二〇〇爆撃航空団指揮官のヴェルナー・バウムバッハらによる、親子飛行機ミステルの推進などでライヒェンベルグは実戦には用いられなかった。

垂直上昇迎撃機ナッター

全周回転する垂直発射台にセットされたバッヒェムＢａ349ナッター（毒蛇）でロケット推進により時速695キロで迎撃高度12000メートルへ３分間で到達する。

上昇中のナッターだが1945年２月に親衛隊（ＳＳ）のＲ・ジーベルトＳＳ中尉が搭乗して１回目の有人飛行が実施されたが失敗してパイロットは死亡した。

ザンクト・レオナルド付近で米軍が２機のナッターと部品を発見した。１型15機、２型と３型で15機、合計で30機ほどが製造されたが多くの問題があり実戦化できなかった。

米軍捕獲のナッターで機首部に武装の24基のＲ４Ｍロケット弾発射口が見える。上空から爆撃機編隊へ滑空しつつ距離50～100メートルで斉射を行ない離脱する計画だった。

垂直上昇迎撃機ナッター

英米重爆迎撃に効果的な防空兵器を求めて、ドイツ空軍は小型高速の迎撃戦闘機の提案を航空機製造業者に求めた。ウルム付近のバド・ワルドゼーで航空機製造会社を経営するバッヘム博士は、元フィーゼラー社役員だった関係で、V1（Fi103／FGZ76）飛行爆弾やロケット技術を熟知する技術者だった。博士は一九四四年八月に小型の垂直発射タイプで自動操縦装置付きの安価な有人ロケット迎撃機BP20を提案した。

これはバッヘムBa349（秘匿名ナッター［毒蛇］）の呼称を付与されてSS（親衛隊）のバックアップで推進された。ドイツ敗戦半年前の四四年一〇月に中翼型の初号機が完成して全長五・七メートル、全幅三・二メートルで二段ロケット推進だった。ほとんど木製のナッターは町工場で製造可能な迎撃機で簡単な発射台から垂直に発射される。主動力はワルター109－509A－2ロケットで複合燃料T液（過酸化水素）とC液（ヒドラジン水化物とメタノールの五〇対五〇の混合液）で、フルパワー時に推力一六八〇キロ（キロニュートン＝KN）を発生するが、離昇は四基のSR34補助ブースターを用いた。

垂直高一八・二メートル（最終型は一六メートル）の全周回転型発射台に、機体セット用の簡易ウインチが付属する。パイロット希望のコンパス角度にセットされ主翼が誘導枠に沿い射出する。主ロケットは高度一〇〇六六メートルでフル稼働し、遠心力二・二Gで上昇しつつ時速六九六キロで〇・七Gが加わり、最高到達高度一万二〇〇〇メートルの予定だった。

パイロットはスロットルを絞り巡航時速六五〇キロに調整して下方の爆撃機編隊高度まで滑空してゆく。先端部の集束ロケット弾を五〇から一〇〇メートルの近距離で一斉発射するが、R4ロケット弾三三基か七・五センチ・ロケット「フェーン」二四基、あるいは三センチ砲の砲列などいくつかの武装が検討された。

攻撃後は離脱して高度三〇〇〇メートルまで滑空し、機体後部に搭載したパラシュートの自動開傘で減速してパイロットは前方へ安全に脱出できた。

当初、ロケット・エンジンは回収して再使用予定だったが、着陸速度が速いために損傷が激しく効率的手法とはならなかった。たしかに二分間で高速迎撃できるナッターは連合軍機にとって厄介な兵器となったかも知れないが、実用上において多くの問題をかかえていた。

秘密の徹底で詳細記録は残らないが風洞実験で最高時速一〇九六キロ以上が可能とされた。一九四四年一〇月から初号機の無人発射、自動操縦滑空、動力飛行、有人飛行の順で予定され、初期飛行実験は南部のジークマリンゲン付近で行なわれたほか、He111爆撃機に牽引されて滑空試験も実施された。つづいて機体が三〇センチ延長された改良ナッターが一五基ほど製造されて三～四回の発射実験が実施されたが実用性は充分ではなかった。

ドイツの戦況は絶望的になりSS（親衛隊）は四五年二月に未完のナッター計画を強引に有人発射するように命じてロータ－・ジーベルトSS中尉が選ばれた。有人ナッターは発射後九〇メートルで操縦席風防が脱落し、四六〇メートルで機体が転回落下して地上激突で中尉は死亡した。これは、自動操縦装置の故障か操縦席カバーと共にヘッドレストが失われて強烈なG（遠心力）で意識不明になったと推察されたが、のちの調査で尾部スポイラーの機能不全と補助ブースター・ロケットの推力軸が異なったのが原因とわかった。しかし、開発続行で改良ナッターC型は主翼部分の分割で輸送が容易になった。

　三七機の製造記録（BP20－M1～M34とBP349A、B、C型）があり、そのうちM1からM33までは各種実験機で、二三機目（M23）が既述の有人飛行で失敗した機体である。ほかに、三五機目のBa349A型は一九四五年三月に製造中であり、三六機目はBa349B型と呼ばれたが実験機からの再組み立てだった。最後の三七機目はBa349C型と称された主翼改造型であり、実質製造数は三六機だった。

　米軍の進撃でワルトゼーで六機が破壊され、バッヘム社はバド・ヴェルダースホーフェンやザンクト・レオナルド付近の寒村へ移動したが、ここで二機のナッターと多くの部品が米軍の手に落ちた。

　ナッターは戦術上いくつかの利点があったが欠点もあった。航続距離は視界範囲内に制限され、対戦闘機運動性が悪い不経済な使い捨て兵器で、訓練時にパイロットの安全性、速度、気圧の急激な変化など人間の耐性問題があった。いずれにせよ、基礎研究のない実用性の薄い間に合わせの秘密迎撃兵器だった。

親子飛行機ミステル

写真は親子飛行機ミステルＳ３Ｃ（訓練機型）。ミステル１はＪｕ88Ａ４＋Ｂｆ109Ｆ４、ミステル２はＪｕ88Ｇ１＋Ｆｗ190Ａ６かＡ８、ミステルＳ２は練習機型、ミステル３ＣはＪｕ88Ｇ10＋Ｆｗ190のコンビネーションだった。

Ｊｕ88Ａ４＋Ｂｆ109Ｆ４の組み合わせによるミステル１だがＪｕ88の機首部に3.5トンの炸薬を搭載して目標上空で切り離して突入させ戦闘機は単独帰還する。

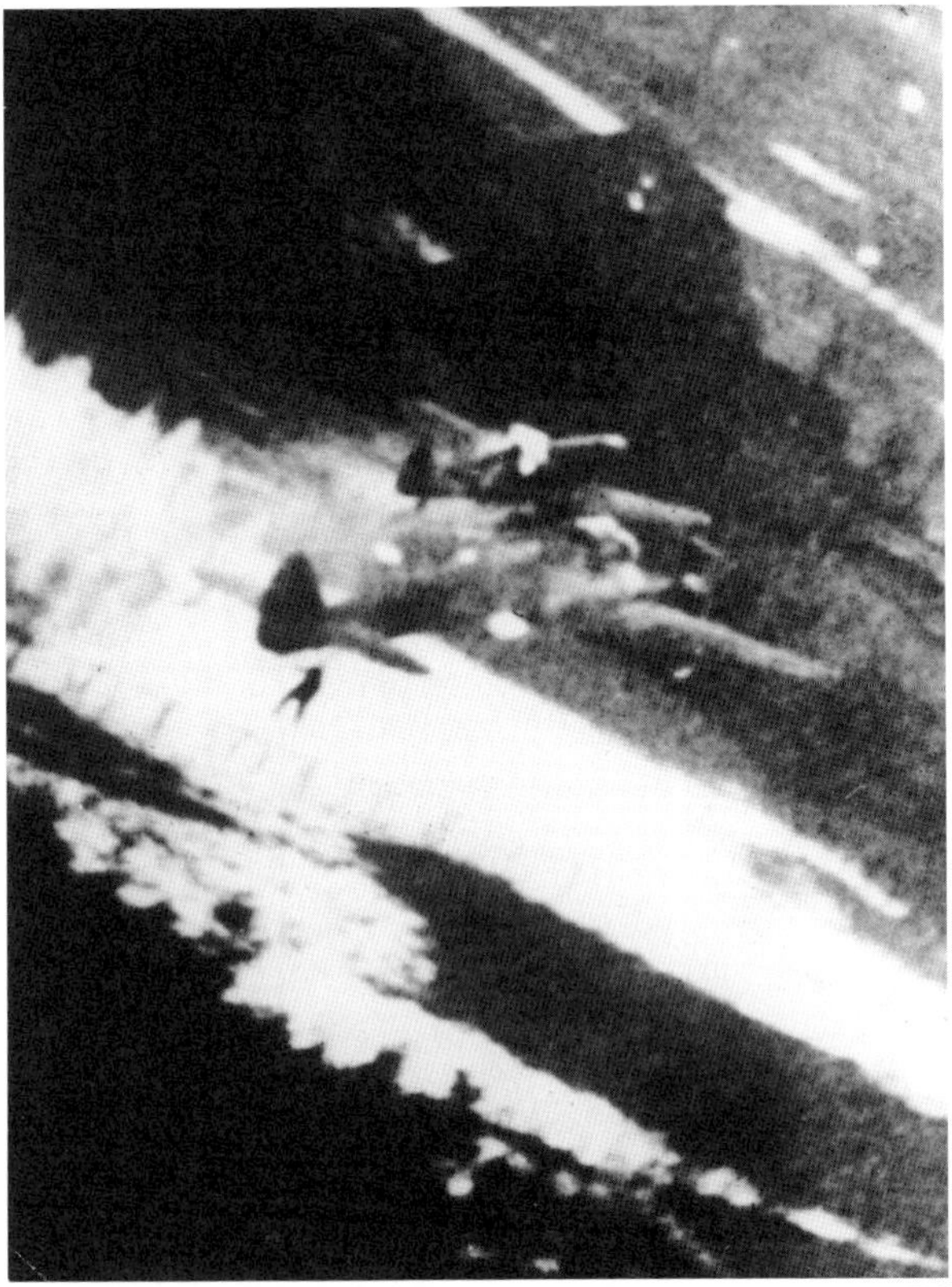

Ｊｕ88＋Ｂｆ109のミステル１で1945年２月19日にベルリン付近でＰ51マスタング戦闘機による撃墜をガンカメラが捉えたもので脱出するパイロットの姿が見える。

1945年５月にドイツのガルデレーゲンの森に隠蔽されたミステル３（Ｊｕ88Ｇ１＋Ｆw190Ａ－６）で米第102歩兵師団により発見された。

親子飛行機ミステル

一九四二年八月一三日にイタリアは無線操縦爆薬搭載のサボイア・マルケッティSM79爆撃機でアルジェリア沿岸の英艦船を攻撃した。また、米国は四四年八月にB17重爆に九トン爆薬とナパーム弾を搭載してフランス沿岸のV2ロケット基地を攻撃した。同様なドイツ方式はミステル（やどりぎ）あるいはベートーベンと呼ばれた親子飛行機で、爆薬搭載の無人爆撃機の上部に単座戦闘機を支持架で固定して戦闘機パイロットが両機を操縦し、目的地付近で爆撃機を切り離して目標へ誘導突入させた後に単独帰還するものだった。

一九四〇年にDFS社が長距離爆撃機の掩護戦闘機として親子飛行機の開発をはじめ、四二年に同社のFセクション提出のミステル・プランが空軍に採用され、母機DFS230グライダーと練習機クレムKl35のほかに、連絡機Fw56、Bf109戦闘機を乗せる実験を行なった。これは空軍の関心を惹き、Ju88A4とBf109Fを合体させた親子飛行機の試作命令が出されて一〇週間で設計された。四三年春に最初の機体が生まれ、制御システムはユンカース社、DFS社、パティン社で開発された。同年一〇月に母機Ju88A4と子機Bf109F4（CI＋MX）によるミステルにつづいて一五機が発注された。アスカニアかパティンの三軸自動操縦装置が爆撃機後部に装備され、上部の戦闘機の計器板中央の縦位置に爆撃機用の操縦計器板が配置された。

一方、戦闘機は尾部が強化され、爆撃機は二重外皮、内部器材撤去、操縦索交換、新操縦装置搭載、上部支持架、増加燃料タンクや新エンジンなどが改造された。最初のミステル1はJu88A4（C6もあり）とBf109F4で機首部に三・五トンの炸薬弾頭と着発信管を装備した。また、一トン徹甲爆弾は一・九メートル厚のコンクリート貫徹力がありフランス戦艦オランへの実験は成功した。

この間に第一〇一爆撃航空団第二中隊のパイロット五名が選抜され、ホルスト・ルダット大尉の指揮でノルトハウゼンとデンマーク領のモーエン島で突入訓練が行なわれたのちに、バルト海のコルベルグ（コウォブジェク）基地へ移った。空軍は四四年四月一六日にジブラルタル、英艦隊泊地スカパフロー、レニングラード（サンクトペテルブルグ）の奇襲攻撃を検討してスカパフローを選んだ。デンマークのグローブ基地から七七二キロあり北海上の無線ブイ誘導で低空を飛行する予定だった。だが、同年六月に連合軍のノルマンディ上陸戦が開始され、第一〇一爆撃航空団第二中隊は五機のミステルとともにサン・デジへ移動して六月二四／二五日にセーヌ湾へ出撃した。

第三〇一戦闘航空団のBf109G6の護衛下でザールフェルト伍長が最初の攻撃を行ない、四機命中で一機失敗とドイツ側は記録する。八月九／一〇日に英国海峡へ出撃したが成功せず、ミステルの一部がロンドン西方のビンリーへ落ちて英側に情報をあたえた。第一〇一爆撃航空団第二中隊は第六六爆撃航空団第Ⅲ飛行隊となりデンマークのグローブへ移り、四四年一〇月に五機のミステルがスカパフローへ出撃したが、三機が墜落して二機は目標を発見できなかった。この第六六爆撃航空団第Ⅲ飛行隊は第二〇〇爆撃航空団第Ⅱ飛行隊となりヴァルター・ピルツ中佐が指揮した。

ミステル２（Ｓ２は練習機）は夜間戦闘機Ｊｕ88Ｇ１とＦｗ１９０Ａ６（またはＡ８）で七五機が発注されて四四年一二月に五〇機が追加された。この前月にソビエトの発電所を破壊するアイゼンハマー（鉄槌）作戦が計画され、二機が小型発電所、六機が大型発電所攻撃を予定した。東プロイセンの出撃基地はソビエト軍の進出で不可となりオラニエンブルグ、パルヒム、レルツ、ペーネミュンデに変更されて、四五年二月一日に第二〇〇爆撃航空団第Ⅱ飛行隊の訓練が行なわれた。当初八二機だったが五六機に減じられて三月二八／二九日に出撃予定だったが空襲で大打撃を受けた。残存機はソビエト軍の進撃阻止のための橋梁破壊任務につき発電所攻撃は実施されなかった。

新ミステル３ＡはＪｕ88Ａ４とＦｗ１９０Ａ８で、ミステル３ＢはＪｕ88Ｈ４とＦｗ１９０Ａ８、ミステル３Ｃ（Ｓ３Ｃは訓練機）は長距離型Ｊｕ88Ｇ10とＦｗ１９０ＡかＦで、ユンカース社のベルンブルグ工場で製造された。

四五年三月九日に第二〇〇爆撃航空団第Ⅱ飛行隊の五機（Ｊｕ１８８ベース）がナイセ川のゲルリッツ橋を攻撃して二機が命中し三機は失敗だった。同年三月二五／二六日に四機のミステルがライン川とヴィッスラ川橋梁へ攻撃を行なった。また、降伏直前の四月七／八日に第三〇、第二〇〇、第六六爆撃航空団のミステル装備部隊は橋梁攻撃に成功し、翌日に第三〇爆撃航空団の五機のミステルがワルシャワ攻撃へ向かったが四機が撃墜された。同年四月一〇日にレヒリン・レルツ基地は米航空軍の攻撃を受けたが他基地の残存機が橋梁攻撃を続行した。四月一一／一二日にベーブバー川、一二／一三日はオーデル川とキュストリン（コストシン）、一四／一五日はふたたびオーデル川で橋梁攻撃を行なった。

航空企業でいくつかのミステル開発が計画されて、ミステル４はＪｕ２８７とＭｅ２６２ジェット機、ミステル５はＪｕ２６８とＭｅ２６２かＨｅ１６２ジェット機の組み合わせである。四五年四月にミステルの目標突入誘導をヘンシェルＨｓ２９３誘導飛行爆弾のドルトムント／デュイブルグ送受信機で実験が行なわれ、Ｈｓ２９３Ｄ用のテレビ誘導システムの検討も行なわれた。そのほか、最後のミステル計画は長距離先導機型でＪｕ88Ｇ10か長距離駆逐機Ｊｕ88Ｈ４とＴａ１５２戦闘機の組み合わせでレーダーを搭載した。アラド社ミステルはＡｒ２３４Ｃジェット機とＶ１（Ｆｉ１０３）、Ａｒ２３４とＥ・３７７（簡単な無人機で二トン弾頭かＳＣ１８００爆弾搭載予定）。ハインケル社はＨｅ１６２ジェット機とアラドＥ・３７７Ａ、ドルニエ社はＤｏ２１７ＫとＤＦＳ２２８（偵察機）や、Ｔａ１５２とＦｗ１９０戦闘機などが検討された。

親子飛行機Me328

Ｍｅ328は母機から発進する安価な親子飛行機の一種だったが、いくつかの案に転換されて最終的に有人滑空爆弾とされたが生産前に戦争は終結した。

親子飛行機パルスジェットMe328

一九四二年にメッサーシュミット社は技術的多様性のあるMe328パルスジェット（簡素な間欠燃焼型ジェット・エンジン）搭載の有人機を設計し、単純、安価、高速の低空爆撃機や緊急昼間戦闘機を意図したが、最後は母機から発進する一種の親子機となった。

四三年はじめからメッサーシュミット社とDFS社に籍を置く技術者のヤコブ・シュベイヤーが開発したが、ハインケルHe162ジェット戦闘機（国民戦闘機）より小型の木製円形機体の中翼機で着陸は「使い捨て橇」で行なった。機体後方と先端部に自動シール燃料タンクと操縦席前方に防弾ガラスを備え、動力は振動問題があったが機体外側に二基のアルグス・パルスジェット・エンジン装備予定だった。

Me328AとMe328Bが一〇機（V1～V10）製造された。パルスジェット未搭載のV1はドルニェDo217E爆撃機上に搭載されてオーストリアのヘルシングで実験され、高度三〇〇〇～六〇〇〇メートルから時速一四五～七四五キロで滑空させたが、パイロットが飛行中に脱出する有人の使い捨て機と見られていた。

Me328A1は主翼に二基のパルスジェット装備機で、A2は四基装備だが、いずれも「親子飛行機」で、長距離用にハインケルHe177か四発機の試作機メッサーシュミットMe264が母機に考えられた。だが、高々度で急速にパワーの減衰するパルスジェット機の性能は連合軍機を下回り、Ju88とJu388爆撃機に牽引される無動力滑空戦闘機への転換がはかられた。

Aシリーズは廃止されてBシリーズが高速爆撃機として再設計された。He177爆撃機で牽引後に分離され、遠隔操縦で低空にて目標を攻撃する案にヒトラーが関心を示した。しかし、パルスジェットに代わってユンカース・ユモ004Bターボジェット・エンジン搭載案によりMe328Cが提案されたが、もはや、安価で単純という特徴は失せていた。

最終的に非動力機のMe328B1が採用されて特殊作戦に任ずる第二〇〇爆撃航空団第五中隊で有人滑空爆弾として考えられた。なお、Me328B2はパルスジェット四基で推力八〇〇キログラム、翼幅八・五メートル、全長八・六三メートル、全高二・五メートル、重量四・七三トン、最大時速は海上で五九〇キロ、航続距離八〇〇キロ、武装はMK103／30ミリ機関砲二門が予定された。四四年四月にチューリンゲン工場での生産指令が出たが戦争は終結した。実戦部隊はV1（Fi103）飛行爆弾の有人機フィーゼラーFi103ライヒェンベルグ装備に転換されたが、こちらも実戦には使用されなかった。

ホルテンHo229

1944年11月にゲッチンゲンにおける斬新な全翼機ホルテンＨｏ229Ｖ２（試作２号機）だが同年12月に本機は２時間の初飛行に成功している。

フリードリヒローダで完成域に達したＨｏ229Ｖ３（３号機）でユモ109－004ターボジェット・エンジンを２基搭載している。

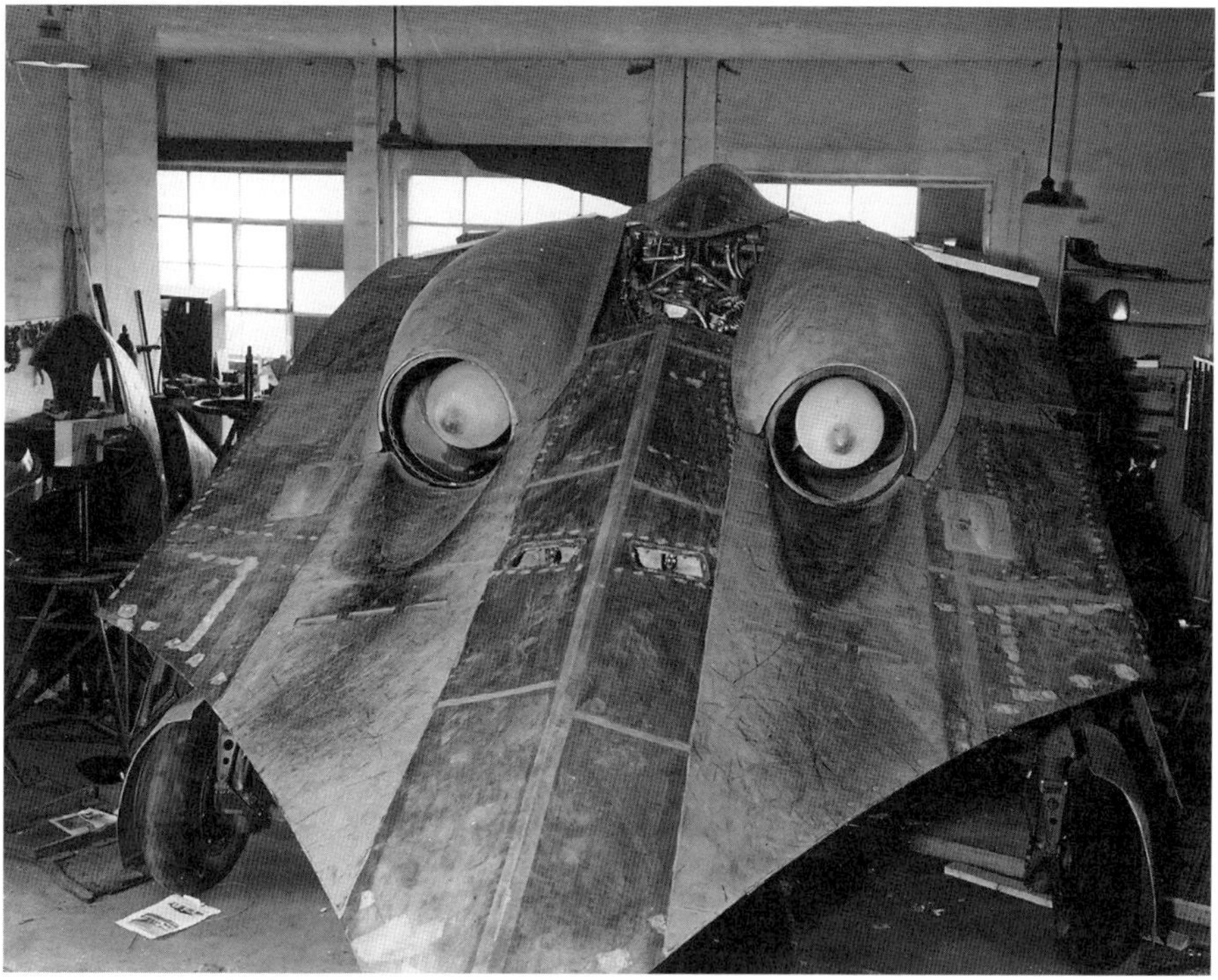

Ｈｏ229（３号機）の中央部分でユモ・ジェットエンジンの噴流部が見える。1944年12月に40機の生産がゴータ社に発注されたが生産されなかった。

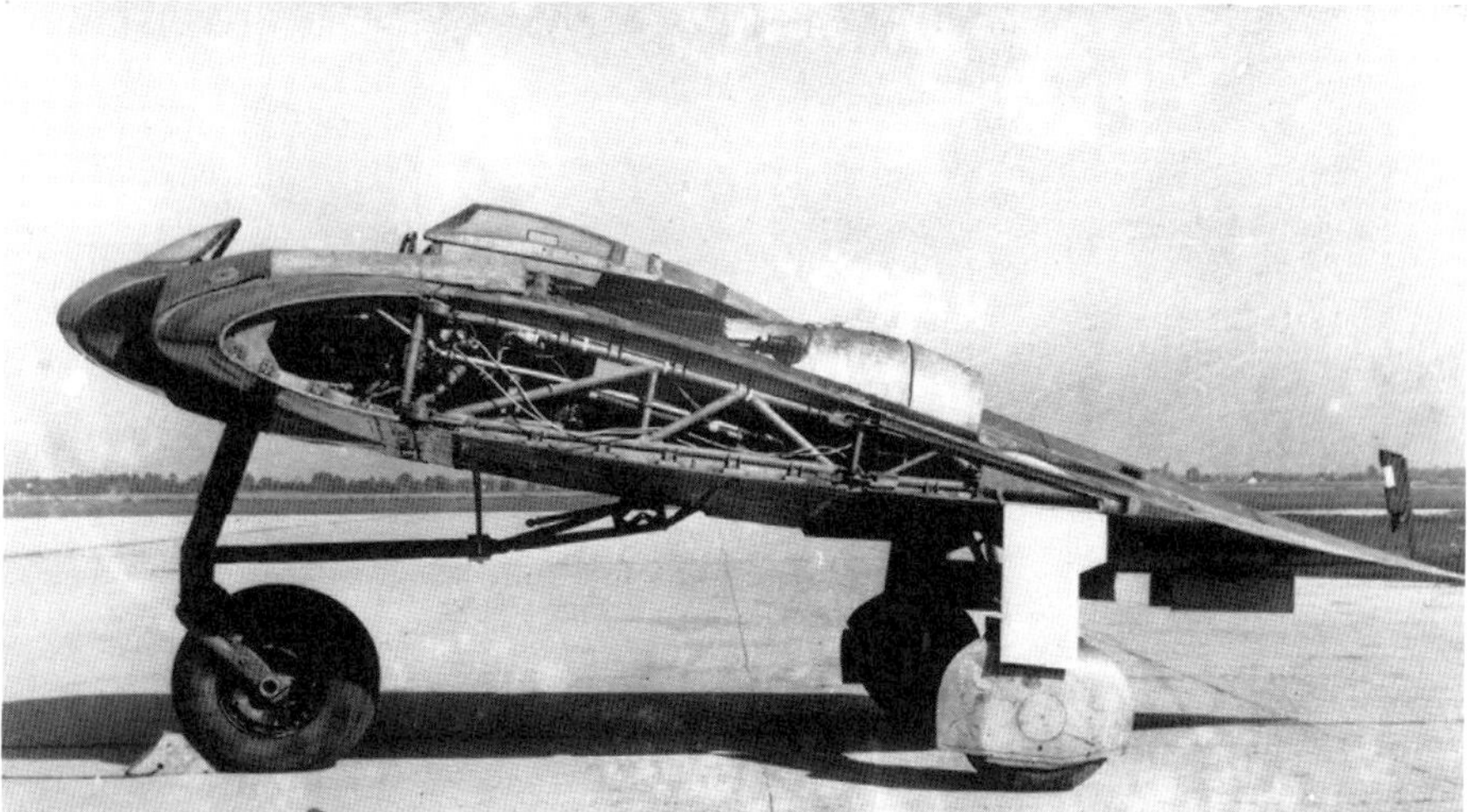

米国へ運ばれたＨｏ229の３号機である。製造中だったＶ４は複座の全天候戦闘機、Ｖ５はＶ４似で初期製造中、Ｖ６は武装搭載型でモックアップ段階にあった。

全翼機ホルテンHo229（Go229）

大戦中期の一九四三年にドイツ空軍総帥のH・ゲーリング元帥は速力一〇〇〇キロ、航続距離一〇〇〇キロ、爆弾搭載量一〇〇〇キロの長距離爆撃機「3X1000プロジェクト」を推進して航空企業へ開発要請を行なった。ホルテン兄弟は早くから開発していた単座型全翼機Ho9型にジェット・エンジン搭載案（時速九〇〇キロ、爆弾搭載量七〇〇キロ、航続距離二〇〇〇キロ）を提出採用されて、のちにホルテンHo229と称した。全翼機（無尾翼機）は一枚の翼だけで飛行し、操縦装置とエンジンを厚い主翼内に格納するもので英米でも研究されていた。利点は軽量化、空気抵抗の減少、短距離離陸、搭載量の増大、対レーダー秘匿性などがあり、短所は幾何学的理由で設計が難しく安定性が低い点が指摘される。

一九三〇年代にホルテン三兄弟（レイマーとヴァルターが中心でヴォルフラムは大戦で戦死）による幾何学的設計の全翼スポーツ・グライダーから一四年が経過していた。

ホルテン兄弟は三三年〜三四年に翼幅一二メートルの有人全翼グライダーH1型を飛行させ、三五年のH2m型（Dハビヒト）はパイロットが腹ばいで操縦する最初の動力（八〇馬力ヒルトHM60Rエンジン）付き全翼グライダーで、高度一〇〇〇メートルを時速一八〇キロで飛行した。つづく単座のH3d型は翼幅二〇・五メートル、五五馬力のヴァルター・ミクロン・エンジン搭載でパイロットが座席に座るタイプになった。H3e型はH3d型と同じだが、三二馬力フォルクスワーゲン・エンジン装備機で四一年〜四四年に試験飛行が行なわれた。

三六年のH5a型は翼長一四メートルでうつ伏せ姿勢の乗員二名と二基のヒルトHM60Rエンジン搭載機で、機体に積層合板やプラスチックが使用され革新的な遠隔操縦装置を備えていた。翌三七年のH5bは翼長一六メートルでパイロット二名、H5c型は木金混合機体でパルス（間欠）ジェット搭載の実験台だったとされる。H7型は二四〇馬力の二基のアルグスAS10Cエンジン搭載の調査研究機で、H8型は乗員三名で翼幅四〇メートルの大型全翼機だった。

さて、ホルテン三兄弟は揃って空軍士官になり、戦闘機パイロットのヴォルフラムは戦死したが、レイマーとヴァルター兄弟は技術士官として空軍総監部に所属し、ゲーリング元帥や航空局長ウーデット大将など上層部の支持を得て全翼機の開発を続行していた。「3X1000プロジェクト」応募のH9型（8型ベース）は大きく厚い後退全翼機で中央前方にエンジンとコックピットを配置した。翼構造は二センチ機関砲の損傷に耐える鋼管溶接、木製桁、積層合板からなり、加速度七Gに耐える設計で機材は「木炭とおがくず」の混合剤で覆われた。翼中央先端（機首）下面と翼下左右の折畳式三点降着主脚はHe177グライフ爆撃機のものを流用した。当初、推力六〇〇キロのBMW003A1ターボジェット・エンジン二基を予定したが開発が難航し、推力九〇〇キロのユンカース・ユモ004ジェット・エンジンを用いた。垂直尾翼のない完全な全翼機でエレボン（動翼で補助翼と昇降舵を兼ねる）と、従来のラダー（方向舵）を改良したダブル・スポイラーが翼上面に装備された。

Ho229のステルス性は大戦終了六三

年後の二〇〇八年に米国のテレビ局の番組のためにグラマン社で調査された。正面露出部分がBf109戦闘機以下で機体が「木炭粉とおがくず」で覆われた構造により、初期の対レーダーステルス性があったことが証明されたのは興味深いことである。

このHo9V1（試作一号機）はHo229と称して先に機体が完成し、大戦末期の四四年三月一日に滑空初飛行が行なわれ、ゲーリング元帥はユンカース・ユモ109-004B1ジェット・エンジン搭載の二号機の飛行を待たずに四〇機生産を命じた。

一方、同年一二月に二号機がユモ・エンジンを装備し、オラニエンブルグで二時間の初飛行に成功して世界初のジェット全翼機となったが、四五年二月一八日にエンジン故障事故で失われた。ドイツ敗戦が迫る混乱の中で三月一二日に二〇機の修正発注が行なわれ、大量生産に備えて一次大戦の多発機製造で知られるゴータ（GFW）社に生産が委ねられてホルテン兄弟との関係は失われた。このために同じ機体をゴータGo229（Ho229）と称するようになったが、ここではHo229と統一記述する。

ゴータ社製造のHo229V3（Go229）は射出座席装備の単座機で、改良型のユモ109-004B2ターボジェット・エンジンを二基搭載し、フランクフルト付近のフリードリヒローダで完成域に達していた。このとき、Ho229V3以外にV5が製造されていたが中止された。主な性能は最高時速九七七キロ、航続距離一〇〇〇キロ、実用上昇限度一五〇〇〇メートル、武装三〇ミリMK108機関砲二門、R4Mロケット弾、爆弾五〇キロ二発だった。

また、製造中だったHo229V4は複座の全天候戦闘機で、Ho229V5はV4似で初期製造段階だった。Ho229V6も単座戦闘機で武装搭載試作機だがモックアップ（木型模型）段階だった。実戦機の生産型はHo229V6ベースのHo229A0となる予定だったが生産されなかった。武装はMK103／30ミリ機関砲四門をMK108機関砲に換装して一トン爆弾二発搭載とR4M空対空ロケット（二四～三六発）装備も検討された。

ホルテン兄弟は空軍の要請でH18型という乗員三名で翼長四二メートルの全翼機に、ユモ004B2ジェット・エンジン六基搭載で米国攻撃の長距離爆撃機を設計し、一部はチェコ国境付近のカーラで製造が開始されていた。なお、ドイツ敗戦時にHo229V3は米国へ運ばれて復元されたが残りの五機は破壊され、ホルテン兄弟はアルゼンチンへ渡り無尾翼機の開発に従事した。現在、全翼機は米国のB2ステルス偵察機を見ることができるが、四五年の段階では文字通り秘密兵器の一つだった。

重戦闘機Me329

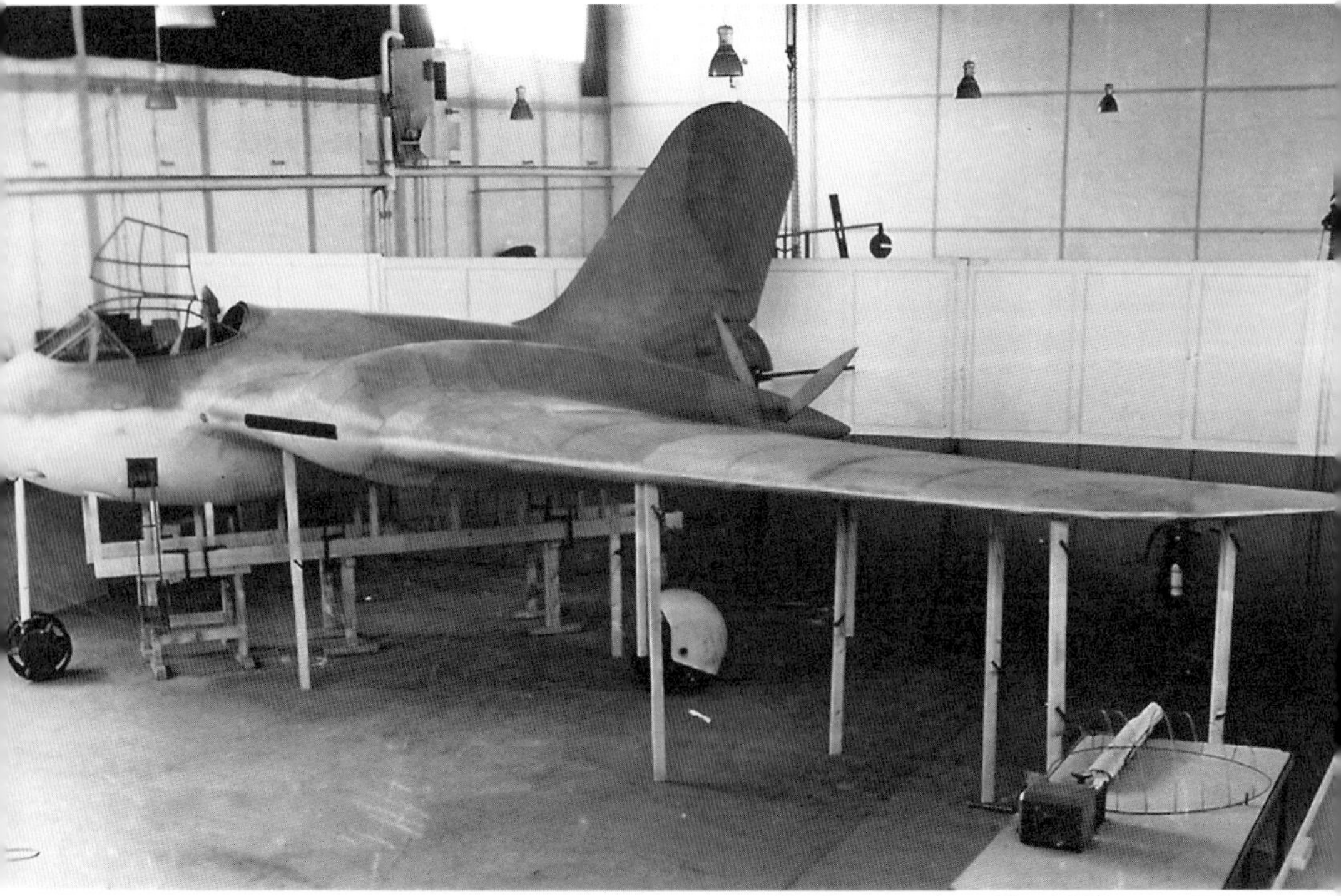

メッサーシュミット社の多目的重戦闘機案がＭｅ329で、ロケット戦闘機Ｍｅ162に似た形状の木製機だった。写真は1944年末のモックアップ段階である。

重戦闘機Me329

大戦後半に連合軍の航空優勢が明らかとなり、無尾翼機の先駆者アレキサンダー・リピッシュ教授はＬｉＰ10を、メッサーシュミット教授はＭｅ３２９多目的重戦闘機案を提案した。空軍はＭｅ３２９を重戦闘機、護衛戦闘機、夜間戦闘機、急降下爆撃機、戦闘爆撃機、偵察機としての万能性に期待した。

本機は資材の心配がない木製機で、Ｍｅ４１０重戦闘機の部品も共用でき、ロケット戦闘機Ｍｅ１６２に似る大きな三角翼を有し、垂直尾翼はあるが水平尾翼はなかった。後退翼角は二六度で二基のＤＢ６０３かユモ２１３エンジンを主翼内に格納し、大きな尾部にラダー（舵）があり、乗員は二名でパイロットと航法士／銃手である。

武装は機首にＭＧ１５１／二センチ機関砲一門で、尾部のＭＧ１５１／二センチ機関砲は遠隔操作式で、二門（四門説もある）のＭＫ１０８／30ミリ機関砲は主翼付け根に装備した。爆弾は二・四トンで爆弾庫と主翼下に搭載する予定で四四年末に実物大のモックアップが製作された。しかし、斬新な設計で長期開発が必要にもかかわらず、戦況の逼迫で時間をかけることができなかった。ある記録では四五年初期にＭｅ３２９Ｖ1が完成してレヒリン実験場で滑空試験を行なったとされるが確証はなく、今日モックアップの写真がわずかに残るだけである。

なお、カタログ諸元は主翼幅一七・五メートル、全長七・七一メートル、全高四・七四メートル、離昇重量一二・一五トン、航続距離二五〇〇キロ、最大速度六九〇キロと高性能機だった。

高々度戦闘機Bv155

最初は艦載機からはじまり高々度戦闘機となったＢｖ155は、Ｂｖ社→メッサーシュミット社→Ｂｖ社と開発が移動した高性能機だったが試験飛行だけに終わった。

高々度戦闘機Bv155

一九三八年一二月進水のドイツ最初の航空母艦グラーフ・ツェッペリンの艦載戦闘機として、四〇〜四一年にかけてBf109E戦闘機六〇機が転換されてBf109Tと称した。他方、四二年にブローム・ウント・フォス社設計のBv155をメッサーシュミット社で艦載機に転用が図られ、新主翼をのぞきBf109Gの機体と部品共有だったが同年末に断念された。

つづいて修正設計によりMe155Aとして再開発がはじまり、単座高速爆撃機で一トン爆弾を搭載して精密爆撃を行なう意図だったが空軍が支持せず、ふたたびMe155B1と呼ばれる高々度戦闘機に生まれ変わった。主翼下に八個のラジエターを配置し、エンジンはダイムラー・ベンツDB605で二段スーパーチャージャー（過給機）付きで一万一〇〇〇メートルを飛行する予定だった。試作機Me155B1はBf109Gに新主翼と新尾翼を装備し、翼長は二一メートルと長く、スーパーチャージャー装備で機体は長くなった。

ここで、空軍は四三年八月に最初の設計会社のブローム・ウント・フォス社へ開発移管をするように命じて、Me155B1はBv155A1と呼ばれるようになった。再設計はリヒャルト・ボグト博士のもとで行なわれ、メッサーシュミット社からBf109の部品が多く供給され、降着装置はユンカースJu87Dシュツーカ急降下爆撃機から流用した。

Bv155V1はハンブルグのフィンケンヴェルダー工場で製造され、一六一〇馬力のDB603Aエンジンを装備し、四五年二月八日に初飛行したが過熱トラブルに見舞われた。V2のエンジンはV1同様ヒルトTKL15スーパーチャージャー付きを装備し、主翼下に大型の空気吸入口と盛り上がった操縦席天蓋があり、二月一五日に飛行試験が行なわれた。

Bv155V2の諸元は翼幅二〇・五メートル、全長一二メートル、全備重量五・六三トン、最大時速は高度一万六〇〇〇メートルで六九〇キロ、実用上昇限度一六九五〇メートル、航続距離一五〇〇キロと高性能だった。

一方、V3も部分的に完成していたがV4がCシリーズに指定された。V4は一八一〇馬力のDB603Uエンジンとヒルト TKL15スーパーチャージャーを装備し、量産前型のBv155C0が三〇機発注されたが戦争は終了した。現在、V3が米国のスミソニアン航空博物館に保管されている。

緊急ジェット戦闘機P.1101

1944年末に空軍のクネマイヤー大佐によるジェット戦闘機緊急競作に応じたメッサーシュミット社の社内開発機P.1101は戦争終結のために生産されなかった。

本機は最高時速が高度7000メートルで981キロを予定した。捕獲機は米国へ運ばれて分析され、1951年にベルX 5実験機となったことが知られている。

緊急ジェット戦闘機P・1101

一九四四年七月にメッサーシュミット社独自開発による試作P・1101ジェット戦闘機の製作が開始されていた。他方、同年末に空軍省のジークフリート・クネマイヤー大佐が推進する緊急ジェット戦闘機競作が進められ、メッサーシュミット社は本機をもって競作に応じた。

短い樽型の機体に後退角四〇度の主翼と後退角尾翼を有し、ターボジェット・エンジン搭載で機首に大きな空気吸入口と機体後部三分の一は排気口確保のために細くなっていた。パイロット防御のために一二・七ミリ弾に耐える装甲板を装備し、武装は機首のMK108／30ミリ機関砲である。前方三点降着式で主翼下の主車輪は後方へ九〇度曲げて格納し、三ヵ所の燃料タンクの合計は一五六六リッターで、戦争末期のメッサーシュミット社のオーバーアマウガウ工場の主要な開発作業となった。

全幅八・二四メートル、全長九・二五メートル、全高二・八メートル、戦闘重量四・〇七トン、最高時速は高度七〇〇〇メートルで九八一キロ、航続距離は一五〇〇キロだった。

しかし、ドイツ空軍と航空機メーカーが期待したハインケル・ヒルト・エンジンは供給されず、やむなくユンカース・ユモ109-004Bターボジェットを搭載したところで戦争は終結した。このP・1101は米軍が捕獲して設計図とともにベル航空機へ運ばれて分析された。この結果、外観はP・1101似の別機ベルX-5実験機が生まれた。異なる点は主翼の後退角と米国製のターボジェット搭載により胴体形状と主翼の後退角が変化して、一九五一年六月に二機のX5がエドワーズ空軍基地で初飛行を行なっている。

超列車砲80センチ・グスタフ/ドーラ

【第3章／陸の戦い】

1941年夏の南ロシア戦線セバストポリ要塞攻撃に出動した80センチ列車砲グスタフで要塞北東16キロの地点のバフチサライから48発の巨弾を発射した。

バルト海沿岸部のリューゲンワルドでヒトラーら戦争指導部に供覧される80センチ列車砲グスタフ（向こう側）と重駆逐戦車フェルディナンド（手前＝のちエレファント）。

最大射角をかけた80センチ列車砲グスタフ（1番砲）だがセバストポリ攻撃戦では300発以上が発射された。なお、2番砲はドーラで3番砲は未完成だった。

超列車砲80センチ・グスタフ／ドーラ

一九三五年にドイツ陸軍兵器局はフランス国境のマジノライン要塞破壊兵器開発を巨大軍需企業のクルップ社と協議し、同社は口径七〇、八〇、一〇〇センチの三種の巨砲を提案した。三六年三月、巨大兵器嗜好のヒトラーのクルップ社訪問を契機として、総帥のグスタフ・フォン・ボーレン・クルップが八〇センチ砲開発を指示し、三七年初期に陸軍兵器局も三門の八〇センチ砲製造と四〇年春の完成を命じた。重量一三五〇トンで全長四二・九七メートル、七・一トンの榴弾（HE）の場合の射程は四七キロで、四・八トンの対コンクリート弾も発射できた。閉鎖機本体、二分割砲身、冷却筒、砲架、砲耳などは特殊トレーラーで移動し、部品は分割して鉄道輸送した。弾薬貨物車、要員車両、工作車両、分解式ガントリークレーン、対空砲や警備中隊用車両のほかに支援列車が編成されて、少将か大佐の指揮する一個連隊規模の一七二〇名の要員を必要とした。

射撃位置の少し手前へ輸送された巨砲は四本の特殊レール上（外側線路は組み立てと分解のためのガントリークレーン用）で組み立ててから発射位置へ移動する。上下俯仰角は砲身で、左右の発射角は曲線レール上で調節して砲下部左右の転輪は固定される。

製造上、砲身が難関で四〇年春のフランス電撃戦に間に合わなかった。また、ヒトラーは地中海の出入口を制圧する英領ジブラルタル攻撃に使用しようとしたがフランコ将軍の反対で実現しなかった。

八〇センチ砲は四〇年末から四一年初期に試射が行なわれ、バルト沿岸部のリューゲンワルドでヒトラーと高官らに供覧された。クルップは戦争協力の一環としてヒトラーへ一門を寄贈してクルップの名を取り

英軍が捕獲した80センチ砲弾。写真は重弾（榴弾）で重量は7.1トンで射程は47キロあり、軽弾は重量4.8トンだった。脇に立つ英軍将兵と比較すると巨大さがわかる。

グスタフと呼ばれた。二門目は設計主任者エーリッヒ・ミューラー教授の妻の名ドーラで三門目は製造中だった。

グスタフは南ロシアへ移動して難攻不落と称されたセバストポリ要塞攻撃に投入され、要塞北東一六キロのバフチサライから四八発の巨弾を多くの目標に撃ち込んだ。最大効果はセベルナヤ湾に面する崖の中腹の地下弾薬庫を対コンクリート弾で爆砕した。セバストポリ攻撃では三〇〇発以上の砲弾発射で砲身摩耗が酷くなり、解体してクルップ・エッセン工場へ送られて砲身内の旋条を一新した。

二番砲のドーラはスターリングラード戦線へ送られたが活動記録は不明確で矛盾することが多い。いずれにせよ、赤軍のドイツ六軍への反撃により撤退した。一番砲グスタフは四二年末にレニングラード包囲戦へ送られたのち、四四年にワルシャワの対独蜂起の鎮圧戦に出動したとされる。四三年にグスタフとドーラは砲撃訓練のためにリューゲンワルド（タルウォボ）へ送られたが以後の出番はなかった。四五年五月に米第三軍がグスタフの部品をババリア方面で発見し、ドーラと未完成の三番砲の部品はライプチッヒ付近のクルップ工場とメッペン実験場で発見された。なお、ソビエトのクビンカには復元された三号砲が保存されている。

グスタフとドーラ砲は技術的経験としては注目に値したが、一次大戦型の巨大火砲は近代戦での実用性は低く莫大な費用と労働力の浪費となった。とくに限りある有能な科学者や技術者の拘束は戦争遂行に悪影響をあたえた。余談だがグスタフは三九年当時、列車、特殊車両、クレーン、対空部隊、警戒部隊などをふくまずに本体のみで七〇〇万ライヒスマルクだった。これは、当時最新鋭の主力戦車だったV号パンター戦車が一両一三万ライヒスマルクと言われるので五四両も生産できたことになる。

超自走砲60/54センチ・カール

東部戦線で巨弾を発射する60センチ・カール砲だが６門が完成し、１門は未完成だった。ブレスト・リトブスク要塞、レニングラード、後期ポーランド戦などで使用された。

カール砲は同じ車体を用いて60センチ砲と射程の長い54センチ砲を搭載できた。写真は３～６号砲とは懸架装置の異なる60センチ砲搭載の１号砲アダム（２号砲は１号砲と同じ懸架装置）である。

1 ～2号砲で用いられた懸架装置とは異なる60センチ・カール砲とⅣ号Ｆ型戦車改造の専用弾薬運搬車とクレーンに吊られた巨大な重榴弾が見える。

長射程砲になった54センチ砲搭載の４号砲トール。これらのカール砲は長距離移動は列車と車両輸送だが近距離なら時速２ ～10キロで自走にて陣地へ移動できた。

超自走砲60／54センチ・カール

ドイツ再軍備時の一九三五年末、フランス国境のマジノ要塞を破壊する兵器「プロジェクト4」として口径六〇センチの超自走砲の開発がラインメタル・ボルジク社で開始された。列車砲は各国の鉄道軌道幅が異なり移動が制限されたので、自走式となり三九年一〇月に試射が行なわれた。

なお、口径六〇センチと五四センチ砲があり、前者は「ゲレト（兵器）40」で、後者は「ゲレト（兵器）41」だが、同じ車体である。

六〇センチ砲の重量一二四トン、全長一一メートル、砲身長五メートル、全高二・七三メートル、迎角は五五度から七〇度で射界は左右四度で、Ⅳ号戦車車体利用の揚弾クレーン付き弾薬運搬車がともに行動した。

走行装置は二種で一号砲と二号砲は下部転輪八個と上部履帯送り小型転輪八個付きで、それ以外は一一個転輪と六個の小型転輪付きである。一、二、六、七号車は五八〇馬力のダイムラー・ベンツＭＢ５０３Ａガソリンエンジンで、三、四、五号車はＭＢ５９７Ｃディーゼルエンジンである。燃料は一二〇〇リッター搭載で時速二～一〇キロの低速自走式で、最大航続距離もガソリンで四二キロ、ディーゼルで六〇キロだった。

長距離移動は鉄道と車両輸送だが、二両の特殊平貨車上の端同士の架台から車体のみを懸吊輸送し、ほかに数種の特殊車両で砲身や砲架などが運ばれた。戦場後方に到着するとゴムタイヤ付き六輪トレーラー搭載の三五トン・クレーンで整地陣地に設置する。

強固な要塞を五～六発で爆砕するが、二・五メートル厚のコンクリートか三五センチ厚の装甲鋼板を貫徹できた。砲は圧縮空気利用の二重駐退複座システムで、軽榴弾は長さ一・九九メートルで重量一・七トン、重榴弾は長さ二・五メートルで重量二・一七トン、射程は装薬量で異なるが軽弾で四二六〇～六六四〇メートル、重弾は二八四〇～四三〇〇メートルである。

六門納入の六〇センチ砲は陸軍兵器局長のカール・ベッカー将軍の名にちなみ「カール砲」と総称された。四〇年から四一年に第六二八重砲兵大隊（機械化）に配備されて各砲にニックネームが付与された。一号砲はアダム（のちにバルドル）、二号砲エーファ（ヴォータン）、三号砲オーディン、四号砲トール、五号砲ロキ、六号砲ツィウ、未完成の七号砲はフェンリル（レックス）だった。

陸軍はカール砲の長射程化をはかり、四三年に口径五四センチ砲が開発されて六門すべてが二種の砲を共用できた。五四センチ砲は重量一二六トンで全長と全高は変わらず、砲身長は七・一メートル、迎角は五八から七〇度である。五四センチ砲の軽対コンクリート弾は一・二五トンで装薬調整にて、射程四八四〇～一〇六〇〇メートルで発射速度は一時間に六～八発である。

四〇年の対フランス戦には間に合わず、四一年四月に第八三三重砲兵大隊が編成され、同年夏のロシア侵攻戦中のブレスト・リトブスク要塞攻撃と、ウクライナのリビウで強固な陣地の爆砕に活動した。同大隊は四二年夏に世界最強のセバストポリ要塞攻撃で、八〇センチ列車砲グスタフとともにマキシム・ゴーリキ砲台を破壊した。この巨大砲は比較的航空脅威の少ないロシア戦線で運用されて要塞攻略で一定の効果があった。

四二年七月に第六二八重砲兵大隊が編成され、一〇月のゲオルグ作戦で包囲中のレニングラード市街へ一五〇発の砲弾を発射し、翌四三年にドイツ本国へ整備のために戻った。四四年夏はポーランド・ワルシャワの対独武装蜂起鎮圧砲撃を行ない、九月にハンガリーのブダペスト救援に五号砲が送られ、四四年一一月にふたたび本国のヨーテボルグ演習地へ戻った。

同年一二月一六日のヒトラーのラインの守り作戦で四門のカール砲が参加予定だったが、器材が揃わず巨弾を発射することはできなかった。

また、第四二八重砲兵大隊は四五年三月にライン川レマーゲン橋防衛に出動して一四発の巨弾を発射したといわれる。

その後、二号砲は戦場へ、三号砲は五〇パーセントが破壊状態、五号砲は任務を解かれ、四号砲と六号砲はヨーテボルグにあり、七号砲は部品不足だった。

ヨーテボルグは赤軍に席巻され、二号砲と五号砲は米軍が捕獲してアバディーン実験場で評価試験後にスクラップとなり、現在ソビエトのクビンカ博物館のみが六号砲を保有している。

K12&K 5 列車砲

通常の21センチ列車砲の改良型で「21センチK12V（E）」だが31.2メートルの長砲身から107.5キロ砲弾で射程156キロを得て北フランスから英国を砲撃した。

1943年5月のロシア北方戦線レニングラード郊外から砲撃を行なう「28センチK5（E）列車砲」で28門製造され、のちに長射程のペーネミュンデ矢型弾が開発された。

4門揃った28センチK5（E）列車砲だが通常射程は62.5キロでロケット推進弾が開発されて射程86.5キロが得られたが英国砲撃にはまだ射程不足だった。

英国砲撃砲として最後に開発された28センチK5（E）（グラト＝滑腔砲）で有翼のペーネミュンデ矢型弾をもって射程115キロを達成したが着弾精度は悪かった。

長射程K12&K5（E）列車砲

二一センチK12（E）列車砲

　一次大戦末期にパリを砲撃したドイツ帝国海軍のパリ砲はカイザー・ヴィルヘルム・ゲシュッツ（兵器）と呼ばれた。一九三〇年代のドイツ陸軍は海軍に対抗して第二のパリ砲として二一センチK12（E）列車砲の開発を推進したが、砲弾発射後の砲腔内旋条の摩耗が激しく五〇発ごとに砲身の交換が必要だった。そこで三五年に砲身内に八条の腔線（線条）と砲弾に数本の斜め腔線が切られ、発射ガスを砲弾の銅バンドでシールして飛翔を安定させた。

　全長三二・一メートルの長砲身を単純な箱型構造でダブル車輪型の列車砲架上に搭載し、油圧式の駐退複座装置で発射の衝撃を受けた。だが、第一の問題は長砲身が自重で「たわみ」を生じて大規模な砲身保持システムを必要とした。第二は発射時の後退作動で砲尾が地上に当たるために、発射前に箱型砲架をジャッキで一メートルほど上方へ上げたが、砲弾再装填時に元へ戻す必要があった。この砲は三七年完成で三八年に試射、三九年三月に「K12V（E）列車砲」として部隊に配備された。

　一〇七・五キロ砲弾を発射して射程は一一五キロで一次大戦時のパリ砲を凌ぎ陸軍は満足したが、発射時の反動吸収問題解決が求められ、クルップ社は揺架下に油圧装置を設ける改良を行なった。この二番砲はK12N（E）と呼ばれて四〇年夏に配備された。

　両砲は第七〇一列車砲大隊に装備され、最初のK12（V）砲は北フランス沿岸から数弾を英国へ発射した。初弾はケント州のチャタム付近のレインハムに着弾した。この砲弾片は英軍に回収分析されて四一年二月付の技術情報報告書に残された。それによれば、口径二一センチの特殊な腔線付き砲身から発射されたバンド付き砲弾で、重量は一〇六・六キロ、炸薬は一五キロ、砲弾材質はクローム、モリブデン、バナジュウムからなる高品質合金で発射速度は毎秒一二一九メートルと判定した。

　やがて、英国南東部沿岸にも同系統の砲弾が着弾して初速毎秒一五二二メートルの二一センチ列車砲弾と判定された。四五年に連合軍がオランダで一門を捕獲調査したが、結論は実用砲として有効ではないが、技術試験と弾道学的見地からのデータ集積は貴重だと判定した。尋問に応じたクルップ社技術陣も同意見であった。だが、他のアイデア兵器と同様に多くの技術者が開発に従事して貴重な戦争資材を消費し、効果に比して一門あたり一五〇万ライヒスマルクのコストは高価すぎた。

二八センチK5（E）列車砲

　ドイツは一次大戦、二次大戦ともに列車砲の開発に熱心だった。なかでも二八センチK5（E）列車砲は一九三六年～四五年までに二八門製造（二五門説もある）された代表的なものである。この砲は砲身内に深さ七ミリの腔線と砲弾溝一二本で発射ガスを密封して砲弾に回転をあたえ、通常射程は二五五キロ砲弾で六二・四キロである。

　K5列車砲は四二年にロシア戦線レニングラード戦に出動し、四四年一月にイタリアのアンチオ上陸米軍へ砲撃を行ないアンチオ・アーニーと呼ばれたが、のちに捕獲されて本国のアバディーン実験場へ送られた。

　ドイツ軍は英仏海峡を越えてロンドン砲

撃を意図したが、それにはK5（E）列車砲の倍以上の射程が必要だった。そこで一五センチ榴弾とロケット推進を組み合わせた長距離砲弾が開発された。砲弾内部は二分割され、頭部に固体ロケット燃料と後部に高性能炸薬を充填し、爆発パイプが頭部から弾底まで抜け二種の着発信管と時限信管があった。

この砲弾は弾道頂点の一九秒後に固体ロケット燃料に点火する。ロケットガスは中央管を通り弾尾から噴出加速して射程を延伸し、命中時の衝撃で着発信管が起爆する。砲弾重量は二四八キロで標準弾よりやや軽く最大射程は八六・五キロに延びた。だが、ロケット推力で砲弾が針路から外れる傾向があり、長さ三・五キロで幅二〇〇メートルの範囲（最悪の場合一三キロも外れた）に着弾という精度に問題があった。

ここで、ゲスナー技師は滑腔砲身（腔線のない滑らかな砲身）から発射する有翼ペーネミュンデ矢型弾（PPG）を開発した。ダーツの矢のような砲弾の直径は一二センチで、四枚の翼と三分割送弾筒を有して「K5グラト（滑腔）」と呼ばれ、ペーネミュンデの超音速風洞で弾道実験が行なわれた。二八センチ砲身の内部を削った滑腔砲は矢形弾を初速毎秒一五二五メートルで発射して一一五キロの射程を得た。弾体には超高速に耐える高品質鋼材を用い砲弾に二五キロの高性能炸薬が充填され、先端部に着発信管があるが、四〇年の開発開始で四四年末に成功したが時は遅かった。

砲弾の価値は炸薬量と破壊力で決まるが、ペーネミュンデ矢型弾を発射する二八センチK5（E）列車砲の場合、炸薬量は従来弾の半分以下で破壊力は低かった。実戦でこの矢型弾を使用したという確実な記録はないが大戦最後の数週間に米軍に対して数発が発射されたとされる。

超重戦車マウス

ポルシェ博士とヒトラーが生み出した超重戦車マウスは大戦末期にほぼ2両が完成し、3両目を製造中だった。1944年9月にベブリンゲンで走行試験中である。

真横から見た188トンの超重戦車マウスだがユニークなガソリン／電動モーターによるハイブリッド走行方式で最高時速は10キロ〜20キロだが予想以上に機動的だった。

後方から見た超重戦車マウスで幅110センチの巨大な履帯が見える。主武装は12.8センチ戦車砲と副砲に7.5センチ砲が予定されたが試験時には完成していなかった。

1943年12月にアルケット社で完成したダミー砲塔搭載の１号車による工場内試験走行時のマウスだが車体前面装甲は200ミリで砲塔は240ミリもあった。

前掲写真と同じくアルケット社での試験走行中だが片側６軸２本のトーションバーに支えられた複雑な懸架装置が少し見える。なお、乗員は通常戦車と同じく５名だった。

クルップ社で製造中のマウスの50トン砲塔（手前）と右後方に車体が見える。また、左側に56トンのティーガーⅠ型重戦車の砲塔があるが比較するとマウスの巨大さがわかる。

超重戦車マウス

巨大戦車は一次大戦末期の一九一八年にドイツで重量一二〇トンのKワーゲンが開発され、一次・二次大戦間にフランスは六九トンのシャール2Cを製造した。そして、ロシアの一〇〇トン戦車（実際は五六トンの多砲塔戦車）の開発情報により、一九四一年初期にドイツ陸軍兵器局兵器部はクルップ社に超重戦車の開発を要請し、一一〇、一三〇、一五〇、一七〇トン戦車の研究が行なわれたが設計段階から出なかった。しかし、巨大兵器好みのヒトラーは四二年三月に国民車フォルクスワーゲンの生みの親で、かつ陸軍兵器局戦車委員長のフェルディナンド・ポルシェ博士に一〇〇トン級戦車設計を命じて「ポルシェ＝マウス」と称した。

競作はポルシェ案とクルップ社のミューラー博士（八〇センチ・グスタフ列車砲の設計者）案となり、両者は同年一二月にヒトラーへマウスの月産五両計画を提示した。両案が比較された結果、ヒトラーによりポルシェ案の採用と世界最強の一二・八センチ戦車砲と最大装甲厚二四センチ要求で一五〇トンから一八八トンに増加し、四三年五月一日のヒトラー誕生日に木型モデルが供覧された。巨大なモンスター戦車を稼働させるには多くの難題があったが、走行方式はユニークなガソリン／電動モーター（ハイブリッド）で、ダイムラー・ベンツ一二気筒一〇八〇馬力エンジンが発電機を稼働させ、二基の電動モーターが履帯を駆動した。中間ギアがなく無段変速でパワー・

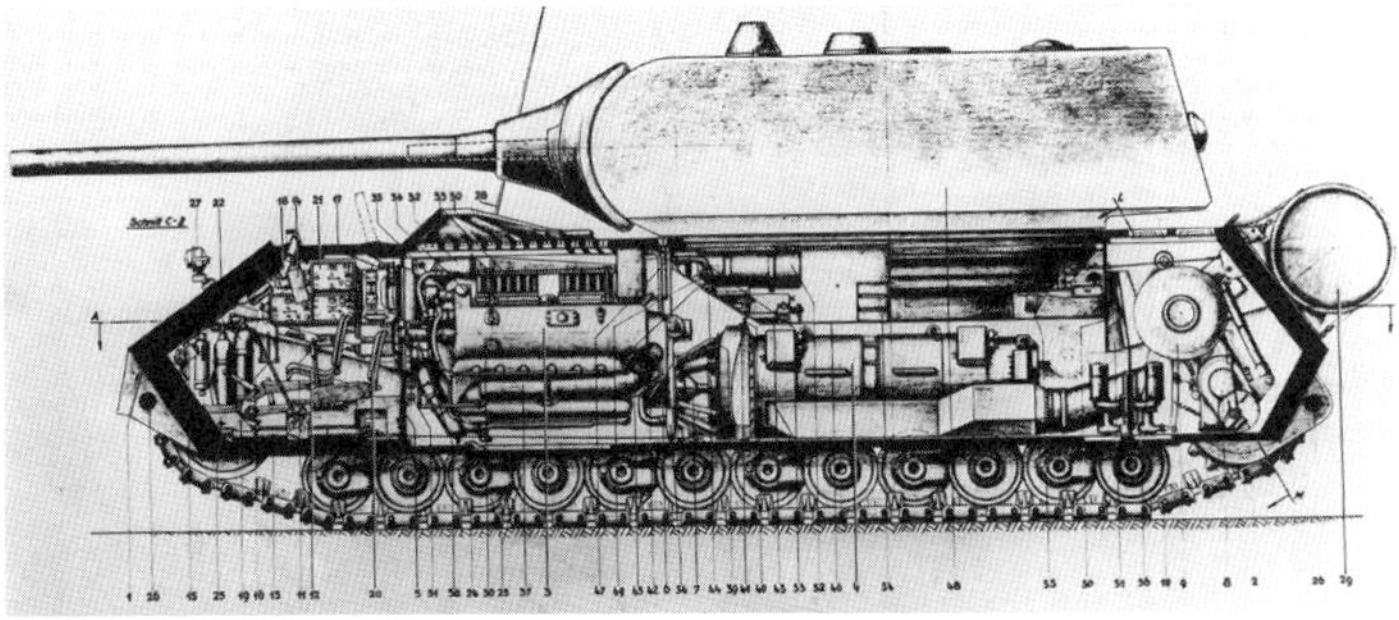

最強の55口径12.8センチ戦車砲搭載のマウスの構造図だが巨大なわりに車内の3分の2が動力と操向装置に取られて戦闘室がきわめて狭いことがわかる。

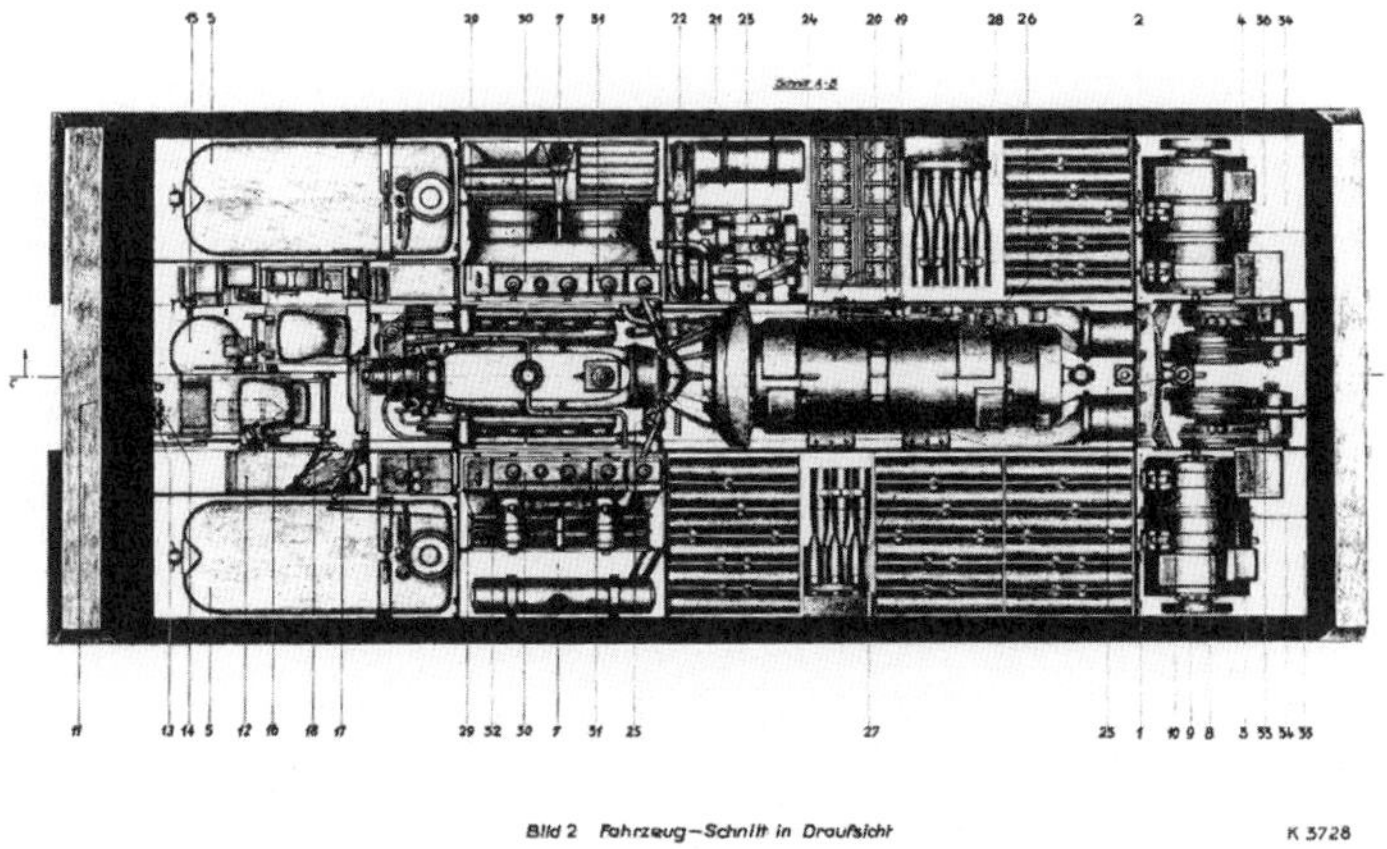

ダイムラーベンツ12気筒1080馬力エンジンで発電機を稼働し、走行は２基の電動モータで行なうが中間ギアがなくロスの少ない無段変速方式だった。

ロスが少ないとされたが、動力ユニットが車体の三分の二を占めて巨体の割に戦闘室が狭かった。最高路上時速は二〇キロだが路外では一〇キロ以下である。

巨体を支える懸架装置は複雑構造で片側六軸二本のトーションバーに支えられた、二四個の鋼製転輪と前方に大型駆動輪、後部に誘導輪があり、履帯送り用の小型転輪は一二個である。履帯幅は一一〇センチで地上接地圧は一平方センチあたり一・四五キログラムで人の足圧の倍程度でまずまずだった。操縦は通常戦車と同じく二本の電動レバーで行なうが信地旋回（左右いずれかの履帯を停止させて方向転換をする）および超信地旋回（左右の履帯いずれかを反対方向に回転させて車体を転回させる）も可能だった。主砲は対空砲改良の強力な五五口径一二・八センチ戦車砲（ＫＷＫ44）で、同軸副砲は三六・五口径七・五センチ戦車砲である。対歩兵近接戦闘にＭＧ34機関銃が装備されて砲塔後部から機関短銃の射撃もできた。

乗員五名、全長一〇・〇九メートル、全幅三・六七メートル、全高三・六六メートル、航続距離一八六キロ、無線はＦｕＧ５である。装甲厚は四〇～二四〇ミリ、砲塔は手動で六ミリ上下動で潜水性を得て深度八メートルと予測されたが重量により実用性には疑問が残る。

砲塔のないマウス一号車はアルケット社で完成して四三年一二月に工場敷地内で最初の走行試験を行なった。その後、四四年一月中旬から一〇月までベブリンゲンでの実験では巨体なわりに機敏であったと評される。また、四四年九月に砲塔のないマウス二号車も合流して試験が実施されたが、専用電動モーターも未完成で航空機用のＭＢ５０９改造エンジンを搭載した。やがてマウス輸送用に片側二八個の転輪を有する特殊輸送車が開発された。

一方、五〇トン砲塔はクルップ社製作だが爆撃で遅れて四月に完成し、一回だけ搭載試験が行なわれた。一二・八センチ主砲は望遠鏡式照準器を用いて俯仰角は七度から二三度で、燃料は車内に二七〇〇、車体後部に予備一五〇〇リッターで航続距離は二〇〇キロで路外走行なら半分である。戦闘時には全てのハッチが閉じられて吸排気装置を使用するが発砲煙排出はコンプレッサー強制式だった。このマウスは戦争終了時にアルケット社で二両がほぼ完成し、三両目がクルップ社で製造中だったが、貴重な資材の壮大な無駄使いに終わり巨大戦車が実戦に出ることはなかった。

超重戦車E100

1943年に計画された次世代E戦車シリーズの最重量級戦車がのE100だった。だが、大戦末期にヒトラーの超重戦車マウス優先策により本車の開発は停止された。

1945年4月にハウステンベックで英軍に発見された超重戦車E100の車体と懸架装置であるが構造はマウスと異なり通常の重戦車と同じであった。

超重戦車E100

二次大戦の後半の一九四三年に、ドイツの戦争指導部は強力な戦車の投入で戦況転換は可能だとし、陸軍兵器局が部材共通の次世代新戦車Eシリーズ六種を計画した。これは、E5（軽戦車）、E10（多目的戦車）、E25（二五～二八トン偵察戦車）、E50（パンター戦車の後継）、E75（ティーガー戦車の後継）、およびE100である。余裕のない大軍需企業を避けてアドラー、アルグス、アウト・ウニオン、ヴェザーヒュッテ、およびクロックナー・フンボルト・ドイツの各社で開発が行なわれた。

E100は一〇〇トン級重量級戦車だが、重火砲、重駆逐戦車、対空戦車の潜在性もあったが、ヒトラーの推進する超重戦車マウスと陸軍兵器局のE100は並行発注されて資材の無駄使いとなった。四四年三月にフランクフルトのアドラー社がE100（ゲレト［武器］383）の設計図を提出し、主砲は新開発の三八口径一五センチ砲（のちに一七センチ砲）、副砲は七・五センチ砲で近接戦闘用にMG34機銃一梃が予定された。砲塔装甲厚はマウス同様に二〇〇から二四〇ミリで、車体は四〇ミリから二〇〇ミリだった。ヘンシェル社で車体が完成して二種のエンジンが提案され、一種はティーガーⅡの七〇〇馬力マイバッハHL230で最大時速は二三キロ、もう一種は一二〇〇馬力のマイバッハHL234で最大時速四〇キロと計画された。乗員五名、重量一四〇トン、全長一〇・二七メートル、全幅四・四八メートル、全高三・二九メートルで航続距離は一二〇キロである。

E100は他のEシリーズやマウスと異なり前輪駆動式の一般的な重戦車で、専用の狭軌鉄道履帯で鉄道輸送して前線で戦闘用履帯に交換する。転輪は直径九〇センチと大きく、懸架装置はトーションバーの代わりに新スプリング式を採用し、砲塔は単純構造でマウスよりずっと軽量だった。しかし、ヒトラーが四四年七月にE100超重戦車の優先順位を下げたために、ヘンシェル社工場でアドラー社の数名の従業員が細々と作業を続行していただけだった。四五年四月にバーダーボーン付近のハウステンベックで未完成のE100の車体は捕獲されて英国へ運ばれたのちにスクラップにされた。

重自走武器運搬車グリレ

砲兵が重砲を迅速に戦場へ運んで展開する目的で開発された重武器運搬車グリレ（こおろぎ）の試作車両だがハウステンベックで英軍に捕獲された。

バーダーボーンに近いハウステンベックから英国へ運ばれる重武器運搬車（ヴァッフェントレーガー）グリレであるが搭載火砲はすでに英国へ送られていた。

重自走武器運搬車グリレ

陸軍兵器局は一九四二年六月に砲兵が重砲を迅速に前線へ展開するために「自走式重武器運搬車（ヴァッフェントレーガー）」の開発を決定した。これは、既存の戦闘車両の車体や部品を活用したグリレ（こおろぎ）シリーズで10、12、17、21、30、42計画があり幾種かが四五年に試作段階に至った。

グリレ10は①Ⅳ号戦車の車体に八八ミリFlak37対空砲搭載、②パンター戦車の車体に八八ミリFlak41搭載、③パンター戦車の車体に一〇〇ミリカノン砲搭載、④パンター戦車の車体に一〇五ミリ軽野戦榴弾砲搭載の四種があった。

グリレ12はパンター戦車の車体に一二八ミリカノン砲搭載、グリレ15もパンター戦車の車体に一五〇ミリ重野戦榴弾砲搭載、17は一七〇ミリカノン砲搭載、、21は二〇センチ榴弾砲搭載、30は三〇・五センチ榴弾砲搭載、42はティーガーⅡ戦車の車体利用で四二センチ榴弾砲搭載だった。また、グリレ17、21、30、42は重量砲をウィンチで後方の油圧ジャッキ安定台上へ降ろして三六〇度の射界を得るシンプル設計だった。四五年四月にチェコ・スコダ社の三〇・五センチ榴弾砲搭載型が完成してセンネラーガーで試験された。

グリレ17の乗員はドライバー、車長、砲手、無線手、装填手四名の八名（七名説もある）で運用され、砲弾携行は三発（グリレ21は五発）のみで重量は五八トン。グリレ17、21、30、42のエンジンは七〇〇馬力のマイバッハHL230P30かP45が搭載され、最大時速は三五キロ、航続距離二〇〇キロで燃料搭載は一〇〇〇リッターだった。砲をふくめて全長一三メートル、幅三・二七メートル、全高三・一五メートル、装甲厚は一六ミリから三〇ミリで武装は七・九ミリ機関銃を搭載していた。

試作車体一両が完成していたが四五年五月にパーダーボーンに近いハウステンベックで英軍に捕獲されて英国へ運ばれた。

重地雷爆破車クルップ・ロイマーS/アルケット・ミネンロイマー

1942年９月にクルップ社で製造されたロイマーＳで重地雷爆破車の試作型で重量は130トンあり、前方の大型鋼製２輪は接地面に巨大なゴムパッドを取り付けている。

ソビエト軍に捕獲されたアルケット社製造の試作型地雷処理車ミネンロイマーで同じころ完成した試作車両だが重量は50トンあり前方に40ミリ厚装甲の乗員室があった。

重地雷爆破車
クルップ・ロイマーSとアルケット・ミネンロイマー

クルップ・ロイマーSとアルケット・ミネンロイマーの二種は巨大な地雷爆破車の試作型だが、秘密兵器というよりは変わりダネ兵器の部類であろう。

クルップ社は一九四二年九月に重量一三〇トンの「ロイマーS＝シュベーレ・ミネン・ロイムファールツォイク＝重地雷処理車」を製作した。二両分割式なのは地雷爆破後に味方戦線へ戻る場合に転回しなくてもよいからだといわれる。二両は連結されてそれぞれに一二気筒三六〇馬力のマイバッハHL90エンジンを搭載した。前方の装甲操縦室は地雷爆発の被害を避けて高い位置にあり無武装だった。前方二輪の直径は二・七メートルあり、爆破面積を広く取るために幅広の鋼製転輪を装備して、接地面に巨大なゴムパッドを履くが、爆破処理上の理由で後輪は小さくなっていた。

他方、アルケット社の地雷処理車ミネンロイマーもほぼ同時期に完成したが、重量は五〇トンで前方に大型鋼製の二転輪と、接地面に一〇個の鋼製可動ブロックが取り付けられ、後方はやや小型の一輪タイプでやはり接地面にブロックが装備された。前方大型二車輪の中間に装甲厚四〇ミリの乗員室があり、三〇〇馬力のマイバッハHL120エンジンで時速一五〜二〇キロで走行し、武装は七・九ミリMG13機銃二梃だった。

潜水戦車/LWS水陸両用牽引車/水陸両用装甲車シルトクレーテ

英本土上陸のあざらし作戦用に開発されたⅡ号潜水戦車で車体横に浮舟を取り付けて水上航走式としたが、波の高い海上では速度も遅く効果的ではなかった。

水深15メートルの海底を走行可能な本格的なⅢ号潜水戦車で内部に圧力をかけ、各部はゴムシールし、空気はホース供給、エンジン排気は後部の２本の片道バルブ筒で行なった。

バルト海で海底走行実験中のⅢ号潜水戦車だが沖合に戦車を海底へ降ろすランプのついたフェリーボートも見える。作戦実行のために4個潜水戦車大隊が編制された。

右方の2本のバーの下は潜水戦車の所在を示し、左方は空気供給用の柔軟なホースの先端に設けられた特殊ブイで連絡用の無線装置とアンテナが仕込まれていた。

砲塔前面にゴムカバーの見えるⅣ号Ｄ型潜水戦車。Ⅲ号とⅣ号潜水戦車は1941年６月のロシア侵攻戦時にブーク川渡河戦で有効に用いられた。

アルケット社とボイゼンブルガー・ビンネヴェルフト社が共同開発した水陸両用牽引車（ＬＷＳ＝ラントワッサーシュレッパー）は21両が製造されたが小規模使用に終わった。

ＬＷＳは水上／陸上両用で資材と兵員を輸送することが目的だった。上陸用舟艇としては装甲は薄く米国の上陸用舟艇にくらべると本格的な車両とはいえなかった。

シルトクレーテ（亀）はトリッペル社で開発されたユニークな水陸両用装甲偵察車であるが1942年に３両だけの試作に終わった。

潜水戦車／LWS水陸両用牽引車／水陸両用装甲車シルトクレーテ

一九四〇年春のフランス戦はドイツの勝利に終わり英国攻撃「あざらし作戦」が計画され、上陸戦時に海底を走る潜水戦車構想により四個戦車大隊が選抜され、同年一〇月にⅡ号（浮舟）、Ⅲ号、Ⅳ号戦車を水密化してバルト海添いのプトロス島で実験が行なわれた。

Ⅱ号潜水戦車は駆動軸と連動する浮船ユニットで水上を航走するが、速力が遅くて荒れる英国海峡の大波は問題だった。Ⅲ号、Ⅳ号戦車の方は深度一五メートルの海底を走行できる完全な潜水戦車で、車内の気圧を高め、あらゆる隙間部はゴムシールなどで水密化がはかられた。逆流防止弁付き空気供給ホースは一八メートル長で先端部には指令用無線アンテナが付属した。また、後部エンジンの排気ガスはパイプで外へ直接排出されたが、浮力により複雑な海底の地形でも走行は円滑だが深度一五メートル以上では実用上の問題が生じた。

しかし、英国上陸作戦は中止されてドイツ軍は四一年夏にロシアへ侵攻した。ホースを鉄パイプと交換した河川用潜水戦車は、ブーク河突破戦で第一八装甲師団の三個戦車大隊の装備（第三装甲師団にも一個大隊）として使用された。

他の軍需企業でも潜水戦車の研究開発があり、たとえば、UT戦闘車両は海面下六メートルを潜水艦のように航走するもので、トリミング（釣り合い）装置が戦車の側面に設置された。また、四二年にクルップ社はクロコダイル（わに）を開発した。これは、幅一キロ、深度一二メートルの河川の潜水渡河が目的であり、重量は二八トンでバッテリー作動の電動機かディーゼル・エンジン搭載だった。

もう一種、シルトクレーテ（亀）はトリッペル社のSG6という水陸両用車から開発された、ユニークな水陸両用装甲偵察車で四二年に三両だけ試作された。

ほかに、アルケット社とボイゼンブルガー・ビンネヴェルフト社が共同開発した水陸両用牽引車（LWS＝ラントワッサーシュレッパー）は二一両が製造された。LWSは水上と陸上で資材牽引や兵士を輸送するのが目的だが、上陸用舟艇としては装甲や耐波性など本格的なものではなかった。車体形状は薄い装甲鋼板製の船舶風丸窓付きで東部戦線で小規模に使用された。

最後に四一年にマギラス社はⅣ号戦車の車体に低姿勢の装甲車体を搭載したLWS（水陸両用牽引車）を開発し、二両が製造されて四二年夏に試験が行なわれた。これはマイバッハHL120エンジンを装備して排気は車上の大きなダクトで行なわれたが、兵員輸送には装甲が不充分だとして計画は中止された。

赤外線暗視装置ウーフー/ファルケ

赤外線暗視装置ウーフー（ふくろう）を砲塔上の車長用キューポラに搭載したV号G型パンター戦車で大戦末期に少数が実戦に投入された。

60センチ赤外線投光器を備えた中型装甲兵員車（Ｓｄｋｆｚ251／21）ファルケでウーフー装備のパンター戦車に随伴して夜間に共同作戦を行なった。

赤外線暗視装置ウーフー／ファルケ

　一九三四年にＡＥＧ社はカソード管（ブラウン管）と画像コンバーター（転換装置）を用いて赤外線画像の可視化を実現した。三九年に夜間戦闘用の赤外線暗視装置を三・七センチ対戦車砲に装備する案を陸軍に提案したが、大型で機械故障が多く命中率が低いという理由で採用されなかった。しかし、大戦中期の四二年に七・五センチ対戦車砲（ＰａＫ40）で実験成功の結果、四三年半ばに器機が発注され、四四年春に一〇〇〇基が納入されたもののハルツ山地の鉱山洞窟に格納されていた。同年夏のノルマンディ上陸戦以降の西方戦線は連合軍機の制空権下にあり、部隊の夜間活動が多くなり赤外線暗視装置の必要性が出てきた。

　暗視装置は赤外線投光器で目標を照射して物体から戻る反射波を受け、高圧電流一万七〇〇〇ボルトで作動する画像転換コンバーターで可視化してブラウン管に表示する。口径の異なる赤外線サーチライト（インフラロトシャインヴェルファー）はウーフー（ふくろう）と呼び、コンバーターはビワ（ビルドワンダラー）と称した。赤外線暗視照準器はツィールゲレト1128、1221、1222で、夜間操縦機器はファールゲレト1250、1252、1253である。これに観測機器ベオバハトゥングスゲレト1251が加わった。つぎに三〇センチ赤外線サーチライトと暗視照準器1221および夜間装置1253が、小隊単位のヤークトパンター駆逐戦車かＶ号Ｇ型パンター戦車に搭載された。

　四三年末にファーリングボステルの装甲学校で二種の戦術が開発され、一種は三〇センチ（二〇〇ワット）赤外線サーチライトと画像コンバーターを一セットにして、戦車長用ハッチ上の小テーブルに一二時方向に固定し、戦車内には関連機器を収容した。充電器付き一二ボルト・バッテリーにて一万七〇〇〇ボルト変圧電流を四時間供給した。また、戦車の周辺は車長用の別の小型赤外線サーチライトとコンバーターで監視した。赤外線暗視装置は車長が運用して操縦手と砲手に指示をあたえるが慣熟訓練が必要であり、戦争終結までに運用体制は整わなかった。

　当初、目標発見時に車長が操縦手と砲手に口頭か左右肩を手か足でタッチして針路、射距離、砲回転位置、発射指示をする原始的手法だった。有効距離は五〇〇～六〇〇メートルでパンター戦車の強力な七・五センチ戦車砲は充分活用できなかった。そこで、随伴する中型装甲兵員車（Ｓｄｋｆｚ・251）ファルケ（鷹）の六〇センチ投光器で暗視距離の延伸をはかり、探知時にＦｕＧ５無線機経由でパンター戦車へ引き継いだ。ある熟練チームは距離二五〇〇メートルの攻撃で三発中二発命中したとされるが真偽は不明である。なお、夜間砲撃は閃光減少砲弾を用いたほか、ドライバー用のペリスコープ式暗視装置など、いくつかの発展的試験も実施された。

　四四年末に他種の実験を経て赤外線技術は実用レベルとなり若干の戦闘記録が残っている。四五年初期にウーフー（投光器）とビワ（可視画像転換）装置搭載のパンター戦車がハンガリー戦線へ送られ、六〇センチ赤外線サーチライト（ウーフー）搭載の装甲兵員車ファルケ随伴で効果を発揮した。また、同年春に装甲師団クラウゼヴィッツはハルツ山地南方で防御戦闘に投入され、四月二一日の午前二時の夜間戦闘で一〇両（二両が赤外線暗視装置付き）のパンター戦車がヴェーザー／エルベ運河で米軍の七六ミリ対戦車砲陣地を攻撃した。米軍の照明弾で浮かび上がったパンター戦車はつぎつぎと撃破されて攻撃は頓挫した。しかし、赤外線暗視装置付きパンター戦車の二〇発ほどの砲撃は正確で米軍歩兵中隊はパニックに陥り、陣地奪取と数両の車両を破壊したという。また、英軍の戦闘日誌によれば、四五年四月のある夜にコメット戦車装備の一個小隊が数両の赤外線暗視装置付きパンター戦車に攻撃され、短時間に集中砲撃を受けて小隊が全滅したと記録されている。

ウーフーとビワ装置は用途が広く各種の軍用車に搭載可能で短／中距離夜間戦闘が可能だった。だが、車長と乗員の意思疎通や画像可視化のブラウン管（ＴＶ）の脆弱性が問題だった。ファーリングボステルを占領した米軍が撮影した六〇基の画像転換ビワ装置の写真によれば、パンター戦車の車長ハッチとドライバー前面に画像変換装置が装備され、装甲兵員車Ｓｄｋｆｚ・２５１／21ファルケと行動をともにする進化装置を見ることができる。

戦争終了間際にファーリングボステルの装甲学校で特殊な夜間任務小隊が編制されて、赤外線暗視装置による戦車戦術が開発された。パンター戦車は三種の暗視装置を搭載して捜索用の中型装甲兵員車ファルケ随伴で、後方を暗視装置付きＳｔＧ44突撃銃を装備する歩兵が支援する。この洗練された部隊が早く前線に現われていたならば夜間戦闘の秘密兵器として効果的だったであろう。

赤外線暗視スコープ・ヴァムピーア

1943年以降に開発が進められた赤外線暗視スコープのヴァムピーア（吸血鬼）で完成度が高い装置だったが機器がデリケートで戦場向きではなかった。

赤外線暗視スコープ・ヴァムピーア

一九四三年前半にA・シュペア軍需大臣は、陸海空軍とドイツ郵政省の各種赤外線装置の研究と開発を一本化した委員会を設け、陸軍兵器局の狙撃スコープ専門家のガートナー博士が委員長になった。折から東部戦線から夜間に活動するソビエト部隊を狙う赤外線狙撃スコープが求められた。ここで、郵政省電波研究所で開発された赤外線画像変換装置と蛍光スクリーンに画像を写し出す装置が利用された。連動する光学機器はライツ社で製作し、上部が照射装置で下部が受像機構成の赤外線狙撃スコープZG1229ヴァムピーア（吸血鬼）が三一〇基製造された。

一体型に纏められた直径一二・五センチの三五ワット照射ランプと受像スコープセットの重量は二・二六キロで、電源は一三・六キロ電池を射手の背に装着した。これは歩兵の革新的新銃のStG44突撃銃の狙撃スコープ架に装着され、レンズ視度は八度で画像変換管はダイオード（二極真空管）使用で拡大率四倍で、暗陰をなくす一二キロボルトの照明白熱ライトの夜間有効距離は七〇メートル程度だった。

電源を入れると赤外線探知像が蛍光スクリーンに現われるが、電圧維持が難しく次第に像が薄れるという問題があり、また、機器がデリケートで実際の戦闘での扱いは容易ではなかったようだ。しかし、ヴァムピーアは四五年二～三月の東部戦線の最後の防衛戦で擲弾兵の一部で使用されたといわれる。

無反動砲

1943年の後半、イタリア戦線における降下猟兵師団で用いられるラインメタル社の7.5センチＬＧ40無反動砲で450門ほどが生産された。

イタリア戦線で降下猟兵師団装備の10.5センチＬＧ40／２無反動砲で7.5センチ砲のスケールアップ型である。なお、ＬＧ40／１は軽合金架で40／２は鋼製架である。

10.5センチＬＧ40は1942年に改良されて10.5センチＬＨ42／１無反動砲となり空軍降下猟兵師団と陸軍の一部で使用された。

無反動砲

無反動砲は一次大戦中に米海軍のデービス中佐が開発したデービス砲にはじまるが、砲弾発射時のガス量と同質量を後方へ出すことで無反動性が得られて砲を軽量化できる利点があった。このデービス砲理論からドイツの火砲メーカーが一九三〇年代に開発したのがデューゼンカノーネ（噴進カノン砲）と呼ばれる無反動砲である。

三七年以降にラインメタル社とクルップ社で共同開発したのが七・五センチLG／1無反動砲だが、それをクルップ社で改良したのが軽量の七・五センチLG1無反動砲である。その後、この砲はラインメタル社で改良されて、七・五センチLG40無反動砲となり四五〇門が生産された。砲身長一・一五メートル、重量二〇七キロ、最大射程六五〇〇メートルで軽量ながら優れた性能を発揮し、主に空挺部隊に配備されて四一年春のクレタ島降下作戦で使用された。

この砲のスケールアップ版が一〇・五センチLG40無反動砲で、LG40／1は金属砲架でLG40／2は鋼管製砲架を使用して五八二門が生産された。重量は四三一キロで最大射程は八〇〇〇メートルだった。なお、この砲の後期型がLG42で降下猟兵師団や空軍野戦師団の装備だが、陸軍でも部分的に使用されたものの主役兵器ではなかった。

無反動砲は軽量で威力があるが、通常火砲以上の大口径砲とするには、無反動性を獲得上五倍の推進薬を必要とした。また、狭い閉鎖陣地から発射すると後方噴射ガスの火薬微片拡散が危険だった。

戦時の兵器技術は急速に進展し、砲弾発射時の七トン以上の高圧ガスを、薬室内で三・六トン以下の低発射圧力にする高／低圧砲に関心が移った。このためにノルマンディ戦以降の戦場では七・五センチLG無反動砲は一一二門で、一〇・五センチ無反動砲は六三門が使用されただけだった。ただ、四三年にクルップ社開発の七・五センチRfk43という成型炸薬弾を発射する対戦車砲が九二二門生産されて戦線へ送られたが、陣地内での後方噴流の危険性などが問題で威力を発揮できなかった。

クルップ社で開発された7.5センチＲｆｋ43。成型炸薬弾を発射する対戦車砲で1943年後半に使用されたが後方噴流問題で効果的な兵器にならなかった。

対戦車ロケット砲
パンツァートート

米軍のバズーカ砲のコピーは8.8センチパンツァーシュレック（戦車驚愕）だが、さらに口径を10.5センチにスケールアップしたのがこのパンツァートート（戦車死神）である。

分解して搬送される10.5センチ対戦車ロケット発射筒パンツァートート。後に安価な使い捨て兵器パンツァーファウスト（戦車鉄拳）の出現により生産されなかった。

対戦車ロケット砲パンツァートート／対戦車八・八センチ・ロケット砲43ププヒェン

成型炸薬弾の前方部に銅内張りの凹みを設け、弾頭に円錐形の被帽を取り付けて発射する。砲弾が目標に命中すると被帽は飛び散り信管が作動して毎秒六〇〇〇メートルの噴流が装甲板を貫通して内部を焼く。これを米国のモンロー博士の研究から「モンロー効果」と呼び、その後、一九二〇年代にドイツのノイマン博士の研究で成形炸薬理論が発達した。

二次大戦中の戦車の装甲厚と大口径対戦車砲の競争の中で、装甲貫徹力の高い成型炸薬弾を発射する兵器が研究され、米国では一九四二年に有名なロケット発射筒M1バズーカ砲が実用化された。四三年末の北アフリカのチュニジア戦で用いられ、ドイツ軍が捕獲してコピー生産したのがパンツアーシュレック（戦車驚愕＝パンツァービュクセ［ロケット戦車筒］、あるいは、オッフェンロール［煙突］）と呼ばれた。また、バズーカは口径七・五センチでドイツ製は八・八センチと口径が大きく威力は本家より高かった。

一九四三年一月に威力を増すべくパンツァービュクセをさらに大型にした口径一〇・五センチ対戦車ロケット砲の開発がラインメタル・ボルジク社で行なわれた。これは、対戦車兵器ハマー（槌）あるいはパンツァートート（戦車の死神）などと称された。全長が一・六メートルもあり中央部を農具改造の車輪二個で支えて後方で兵士二名が操作した。線条のない滑腔砲身から三・五キロの有翼弾を発射して射程は五〇〇メートルと短かったが、衝角六〇度で一〇〇ミリ厚の傾斜装甲板を簡単に貫通する性能を有した。しかし、独特の安価な歩兵の使い捨てロケット兵器パンツァーファウスト（戦車拳骨）が現われたために生産に入ることはなかった。

また、一九四三年に対戦車八・八センチ・ロケット砲43ププヒェン（人形）がラインスドルフのＷＡＳＡＧ社で生産された。戦闘重量一〇〇キロで射程七〇〇メートル、二・六六キロの成型炸薬弾ＲＧｒ４３２１を毎分一〇発発射できたが、既述の安価な使い捨て兵器の出現により少数生産に終わった。

対戦車8.8センチ・ロケット砲43ププヒェン（人形）は威力ある成形炸薬弾を毎分10発発射できたが安価で簡単な米軍のバズーカ砲をコピー生産したため少数生産に終わった。

曲射銃身／隠蔽射撃装置

ＭＧ34機関銃尾に反射ミラーを取り付けて隠蔽地から射撃するデツェットゲレト（隠蔽兵器）と呼ばれた。だが、視界の狭さや死角により有効な装備にならなかった。

1941年のロシア侵攻戦の市街戦による損害の軽減のために、兵士が身を隠して射撃できるデツェットゲレトが考案されて機関銃の銃尾に取り付けられた。

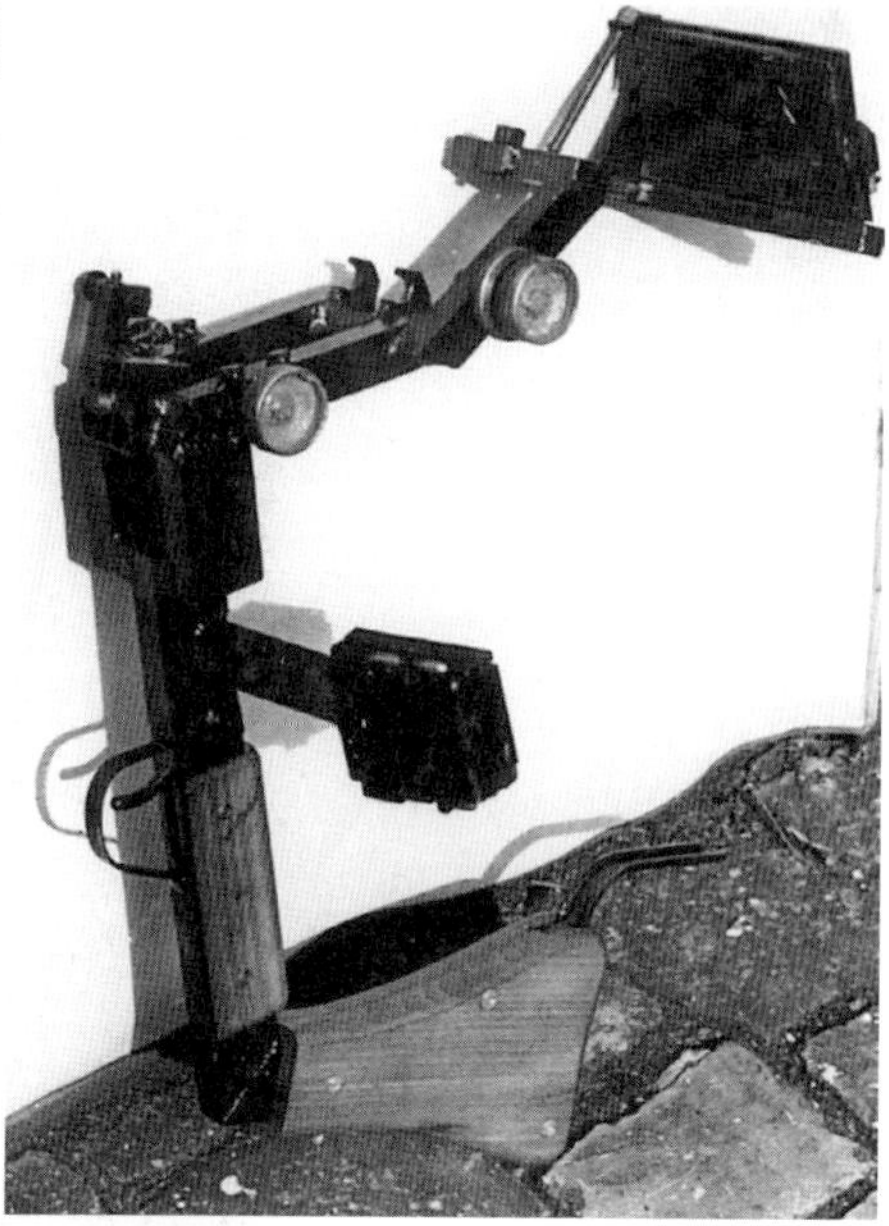

戦後、米軍が調査した曲射銃身でＳｔＧ44突撃銃の先端に歩兵用の曲射度30度フォアザッツＪと称された曲射銃身を装着しているのが見える。

戦闘車両上で用いる曲射度30度のフォアザッツJでＳｔＧ44突撃銃用と短弾薬（通常弾薬の３分２）を用いたが銃弾の弾道は完全に偏向させることはできなかった。

装甲戦闘車両に装備する接近戦用の曲射度90度のフォアザッツＰだが銃弾が破壊されるか銃身が損壊するなど完全ではなかった。

曲射銃身／隠蔽射撃装置

一次大戦時にドイツ軍の塹壕陣地のへりに小銃を置き、銃尾にミラーと木枠製の反射式外部視察装置を取り付け、壕内の兵士は姿を隠してミラー映像を見ながら射撃した。それから二五年後の一九四一年夏のロシア侵攻戦の市街戦で多くの損害が出たために、壕内や塀の内側など兵士が身を隠して射撃する隠蔽兵器が開発されてデツェットゲレト（隠蔽兵器）と呼ばれた。

この装置は主力機関銃だったＭＧ34とＭＧ42やＫａｒ・98ｋ小銃の銃尾に取り付けられたミラー反射照準具と引き金のついた装置を地上に立て、射手は隠蔽地か壕内で反射像を見ながら射撃したが、狭い視界と死角により充分に役立たなかった。

こうした隠蔽兵器のアイデアの延長線上にあったのが「ゲボルゲンラウフ」あるいは「クルムラウフ」と呼ばれた曲射銃で大戦後に英米軍事筋が関心を示し、のちに米陸軍兵器学校の調査報告書として概要が明らかになった。

大戦初期に火砲メーカーのラインメタル・ボルジク社の運動エネルギーの放散研究上の副産物の「弾道を曲げる」実験から、ウンターレス研究所のＷＦＫセクションのＡ・Ｆ・ヴェルクとフルトナー両博士が曲射銃身開発を主導した。

四一年八月に航空機用機銃の先端部に曲射銃身を取り付けたが、銃弾の運動エネルギー（推進力）が減衰して短射程になった。翌四二年に七・九ミリと九ミリ弾薬がテストされ、四三年三月までに二〇ミリと三〇ミリ弾薬も実験された。また、ドイツ歩兵の携行銃であるＫａｒ・98ｋ小銃の銃身を一五度曲げて使用したが、銃身内と銃弾に多くの損傷が見られた。また、銃弾の方向性が安定せず銃身内で飛び跳ねるホイップ現象も修正できなかった。つぎに曲射度三〇度銃身が実験されたが方向性不安定のほかに銃弾の横滑りや損壊が起こった。四三年一一月までの実験では曲射銃身に歪みが生じて、銃身内のライフリング（旋条）を深くするなどの修正がつづけられた。

緩やかな楕円形の曲射銃身、滑腔銃身（旋条のない銃身）、コールド・ベンディング（低温曲射銃身）処理、あるいは、口径を九ミリから八ミリに変更したり、高い発

ツァイス社で生産された曲射銃身（クルムラウフ）用のプリズムとミラー利用の照準具だが1500セットが生産されたものの実戦には投入されなかった。

射速度に耐えるＭＧ34機関銃の銃身による試験も行なわれたが、曲射銃身アッタチメントが原因で弾詰まりを起こして断念された。試行錯誤がつづけられ、すでに専用の照準器とアッタチメントが製造されたが根本的問題は解決できず、兵器局要求の射程二〇〇メートルすら達成できなかった。

当時、ドイツは歩兵に火力の高い新型の突撃銃（ＳｔＧ44）の供給を開始していた。通常弾薬の三分の二で装薬が少なく発射圧も弱い七・九ミリ短弾薬は曲射銃身用に適切と考えられたが、銃弾の破壊傾向は完全解決されなかった。陸軍兵器局のハンス・シェーデ大佐によれば、陸軍総司令部は前線の要望という理由で曲射銃開発を中止せず、新たに六〇度、七五度、九〇度の曲射銃身を開発して四三年秋に実戦兵器とすることが決定されたと述べている。

二種の曲射銃が製作され、一つは直角九〇度の「フォアザッツＰ」で戦闘車両前面の球形装甲自在架に搭載して爆雷攻撃を行なう歩兵との近接兵器用とした。もう一種の歩兵用の曲射度三〇度の「フォアザッツＪ」は市街戦時に街角や壕などに身を隠して射撃するものだった。この曲射銃身はＳｔＧ44突撃銃の先端部にスプリング内臓のクランプで取り付けた。初期実験は比較的良好だったが短弾薬に歪みと揺れが生じ、銃身重量を減じて発射ガス抜き孔を設けるなど改良を行なった。また、銃身に五個二列の小直径孔を開けて銃弾の遠心力の反動調整をはかった。

数種の着脱自在の装甲戦闘車両用のフォアザッツＰ（九〇度）が開発され、大戦末期の四四年六月ころにはかなり洗練されたものになったがまだ完全ではなかった。同年秋に二万セットの生産契約が結ばれたが実際の製造数は五〇〇セット程度だった。

他方、突撃銃に装着するアタッチメントは巧くゆかず、歩兵用のＫａｒ・98ｋ小銃で用いる擲弾発射器を流用し、曲射銃身前方に装着される照準具は屈折像を見る鏡とプリズム利用だった。これは、ブッシュ社で開発されてイエナのツァイス社生産で一五〇〇セットが製造されたとされる。しかし、これらの曲射銃が実戦で使用されることはなかった。

エレクトロボート21型

【第4章／海の戦い】

Uボート戦の起死回生策は高潜航能力を持つ真の意味の潜水艦であるエレクトロボート21型だった。完成艦は120隻もあったが充分に開発されず、ほとんど実戦に出なかった。

艦尾方向から見た建造中のエレクトロボート21型。「8の字型」の船殻構造は上部が乗員や戦闘区画で下部は電池室とディーゼルと電動モーターが格納された。

エレクトロボート21型のＵ2518で流線形の艦橋や船体は今日見ても洗練された革新的な潜水艦であったことがわかる。21型は自動化機器の開発がネックでドック入りが多かった。

ブレーメンのヴェーザー造船所で1944年５月に進水したＵ3001。21型は水中速力17.2ノットと予定されたが、のちに米国の試験で水中15ノットを確認している。

ドイツ敗戦時に撮影されたブレーメンのアトラス造船所で建造中のエレクトロボート21型だが生産を急ぐあまり試作艦の開発と改良が省かれたために故障が多発した。

エレクトロボート二一型

二次大戦において八三〇隻のUボートが三二〇〇回の哨戒作戦で二九〇〇隻一五〇〇万トンの連合軍船舶を沈めた。だが、Uボートも総建造数一一五〇隻中七八一隻を喪失し、自沈二一五隻で降伏数一五四隻だった。乗員の損害は四万名中二万八千名が戦死した。

一九三九年九月から四二年末までの戦果が一一四四万トンで全体の七六パーセントを占めたが、四三年以降は連合軍の対潜水艦戦術の大幅な向上で損害が激増して戦果が激減したことを示している。

四三年八月にパリでデーニッツ元帥が開催した対連合軍対策会議で一つの案が決定された。当時、ヘルムート・ヴァルター教授の革新的なワルター機関搭載艦の見通しは暗かったが、一八型と呼ばれる水上排水量一四八五トン／水中一六五二トンのヴァルター艦が設計されていた。

この一八型にディーゼルエンジンと大量の電池を搭載して水中性能を大きく向上させた艦が同年夏に二一型として認可され、一二月から部分的に生産に入り第一艦完成は四四年四月で、四五年五月までの完成艦は一二〇隻にのぼったが、いくつかの深刻な問題があって哨戒に出た艦はごく少数のみで終わった。

二一型は水流抵抗の少ない流線形船殻を有する先進艦だが生産を急ぐあまり試作艦の開発と改良を経なかったのが致命傷になった。全長七六・七メートル、排水量一六二一トン／一八一九トンで、一八ミリ〜二六ミリ厚の特殊合金素材の船殻断面は二段構造で「8の字型」である。上部は乗員や戦闘区画で下部は三倍に増加した蓄電池室と連動する二五〇〇馬力二基の強力な電動機が無音潜航時に用いられ、別に二二〇〇馬力のマン社製ディーゼルエンジンを二基搭載した。

高速水中機動力は攻撃型潜水艦の重要な要素で一七・二ノット（主力の七型は最大で七ノット）とされたが、戦後、米国での試験では水中一五ノットを確認している。また、蓄電池による連続潜航時間は五ノットで七二時間に増加した。

武装は艦首魚雷発射管のみ六門と魚雷再装填システムにより二〇分ごとに六門斉射ができ、「8の字」船殻構造により予備魚雷二三本搭載で攻撃力は高かった。流線形の艦橋に連装二〇ミリ対空機関砲、シュノーケル装置、レーダーアンテナ、ループ型方位（DF）アンテナが纏められた。

とくに連合軍の爆撃を避ける大量生産分散化建造方法はよく計画されていた。区画建造と呼ばれ八区画プラス艦橋（艦尾、電動機、ディーゼルエンジン、後部居住区と燃料タンク、指揮所／潜望鏡、シュノーケル装置、前方居住区、魚雷格納庫、艦首部、艦橋と武装）が主要な造船所で組み立てられた。最終行程で推進装置、無線機器、レーダー装置、潜望鏡、配線などの艤装が行なわれる。生産効率は理論上、大型の九型Uボートの六六パーセントで、鋼材組み立て四五日、造船所区画建造五五日、造船所総組み立て五〇日で計一五〇日だった。

爆撃を避ける巨大なコンクリートのヴァレンチン工場で五六時間ごとに一隻が進水する計画で、初艦はブローム・ウント・フォス造船製のU２５０１で四四年六月二八日の就役で、第二艦はU３５０１で七月二九日だった。

だが、エレクトロボートの複雑な自動油

圧システムは完全に開発されず故障多発でドック入りが多かった。また、配線不備で艦の磁界が磁気機雷を誘爆させる危険などもあり、哨戒作戦に出ることができなかったのである。

一九四四年後半はドイツの輸送システムは激しい爆撃で生産が阻害され、他方では乗員の訓練不足があった。修理を重ねてやっと運用域に達して、四五年三月に一部の二一型が比較的安全なノルウェーの基地へ移動して潜航試験と訓練を行なった。

最初の哨戒作戦はシュネー艦長指揮のU2511によるもので、四五年四月三〇日にノルウェーのベルゲン港を出てカリブ海へ向かい、スコットランド沖で英哨戒グループに探知されたが水中高速により容易に脱出している。また、五月三日にUボート艦隊司令部（Bdu）から降伏指令を受信したが、英巡洋艦サフォークを距離六〇〇メートルで発見し、艦長は模擬攻撃を成功させたのちに深海へ脱出してベルゲンへ戻った。

また、降伏直前にヴィルヘルムスハーフエンから哨戒作戦に出港したU3008のケースでは、船団を発見して模擬攻撃をかけて探知されずに帰港している。この二一型エレクトロボートは海の戦いを変え得る数少ない秘密兵器の一つであり、多くの発展的な型が設計されたが実現前に戦争は終結した。

エレクトロボート23型

排水量279トンの沿岸型のエレクトロボート23型は62隻が完成した。写真は沿岸哨戒作戦で466トンを沈めたU2336である。

エレクトロボート23型のU2322。21型と異なり実証済みの既存部品を用いたために運用上の信頼性が高く水上9.7ノットで水中10.75ノットと性能がよかった。

1945年２月に就役した23型のＵ2361だが急速潜航９秒と５ノットでの完全無音潜航そして操艦性能がよく生存性向上に役立った。

浮ドック上で破壊されたエレクトロボート23型で艦首２門だけの魚雷発射管口が見えるが小型なために魚雷の再装填は艦外からしかできなかった。

エレクトロボート二三型

大戦後半になるとレーダーを駆使する連合軍に制圧されたUボートの新型導入はドイツ海軍の最後の拠《よ》り所となり、四三年に新型航洋タイプの二一型エレクトロボートへ移行し、同時に水上排水量二三四トン／水中二七五トンの小型沿岸タイプ艦二三型が採用された。

二一型同様に区画建造方式だが、決定的な違いは在来艦で実績のある部品や装備が大幅に導入されたほか、鉄道輸送用に船体四分割方式が採用され、エレクトロボートの成功作となった。完成後、出撃に便利なように北海と大西洋方面はハンブルグ、地中海はフランス占領地ツーロン、ドイツ占領地イタリアのジェノアとモンファルコーネ、黒海はロシア占領地のニコラエフ（ウクライナのミコライフ）が組み立て工場と予定された。だが、戦況の悪化から建造はキールのゲルマニア造船所、ハンブルグのドイッチェ造船所、シュトールケン造船所となるも、爆撃と英米地上軍の攻勢などで建造は大きく阻害された。

二三型は水流抵抗を減じた流線形で、世界最初の全溶接単殻船体の縦断面はやはり「8の字型」で、艦尾は尖った円筒形に絞られた。上部は艦橋をふくむ戦闘と乗員スペースで下部に燃料タンクや潜航タンクのほかにバッテリー一六二個が直列に配置された。前方に潜舵があり、ナイフの刃のような艦尾に推進器と方向舵各一基を備え、艦の後上部に大きなディーゼル・エンジンの排気管カバーの瘤状突起があった。

マン社ディーゼルエンジンは大型Uボート九D2型で使用されたもので、無音電動機は大型Uボート九C型の低音型の単純化版だった。性能もよく水上で九・七ノット、電動機だけの水中速力一〇・七五ノットでシュノーケル装置による空気の吸排気も可能だった。急速潜航時間九秒、五ノットで完全無音潜航、水中での優れた操縦性は生存性の向上に大きく役立った。

しかし、潜望鏡、シュノーケル装置、監視スペースなど収容の艦橋が船体の三九パーセントと大きくなり水流抵抗が増した。二門の前方魚雷発射管は内部に引き込まれたために艦尾をバラストで下げておき外部から再装填するのは欠点だった。一番艦U２３２１は四四年六月に就役し、大戦終了時には六二隻就役で一八隻はノルウェーに配置されて残りはドイツだった。

この二三型は一〇隻が、四五年の最後の数ヵ月間に英国沿岸部に出撃して輸送船五隻を沈めている。U２３２２は四五年二月二五日に一三一七トンのエグホルムを、四月一六日に一一五〇トンのマナークを沈め、四月二三日にU２３２９は七二〇九トンのスプレ・ヘルマーソンを撃沈し、ドイツ敗戦一日前の五月七日にU２３３６がアボンデールを撃沈してUボート戦最後の戦果となった。

革新艦ヴァルターボート

Ｖ80→Ｖ300→Ｗａ201につづくヴァルター・タービン艦２隻が1944年４月に試作されたが、それはゲルマニア造船のＵ795と写真のブローム・ウント・フォス造船のＵ793だった。

最後のヴァルター・タービン艦は17型で３隻（Ｕ1405、1406、1407）が1944年２月に納入された。写真はドイツ敗戦で自沈して英国が引き上げたＵ1406である。

革新艦ヴァルターボート

　ヘルムート・ヴァルター教授はキールのゲルマニア・ヴェルフト造船所の設計技師としてＵボート（潜水艦）の発展に寄与したが、一九三六年に設計事務所ヴァルター・ヴェルケを設立して異業種から有能なスタッフを迎え入れた。教授は連続潜航と水中高速三〇ノット以上という革新的な潜水艦「ヴァルター・タービン艦」の実現に努力を傾注していた。なお、世界最初のＭｅ１６３ロケット戦闘機のヴァルター５０９ロケット・エンジンは教授の過酸化水素燃焼方式である。

　当初、ヴァルターボートは過酸化水素の分解で得られる酸素を供給して、ディーゼル・エンジン駆動で長時間潜航を行なうクローズド・サイクル（同物質の反復循環装置）方式だった。つぎのコンパクトなヴァルター・タービンは、過酸化水素が触媒機で蒸気と酸素に分解されて燃焼室を通過する。この時、ディーゼル油と水を混合して燃焼させ、高温高圧で得られる八八パーセントの蒸気と一二パーセントの二酸化水素をタービン動力として用いた。この水蒸気は濃縮器で水とガスに分離して余剰水と二酸化水素は艦外へ放出され、残留水は冷却してふたたび燃焼室に送られるので、外部空気の供給が不要な推進装置となった。だが、通常Ｕボートのディーゼル燃料消費と比較すると一・六キロ航走に二五倍を消費した。

　三六年にゲルマニア造船所で建造がはじまり、四〇年一月に八〇トン型（実際は一〇〇トン）実験艦Ｖ80が進水した。耐圧船殻（船体）断面は「8の字」形状で前方潜舵はなく推進器は一基である。Ｖ80は燃焼室のない型で濃縮器から送られる蒸気のタービン駆動で二〇〇〇馬力を発生し、水中速力二六・五ノットで良好な水中操縦性を得て実験は成功したが水上航走性に難点があった。

　つぎの三〇〇トン型Ｖ３００実験艦は四二年九月設計で前型のＶ80似だが、欠けていた燃焼室を付加した過酸化水素タービン艦である。洋上航走用に二基のディーゼル機関と水中用に二基の低速無音モーター、水中高速用の二基のヴァルター・タービンを搭載した。武装は魚雷発射管二門と予備魚雷四本搭載だった。海軍総司令部（ＯＫＭ）とゲルマニア造船所側の干渉がヴァルター教授を困惑させたが、前方潜舵の設置など従来型の艦体設計で水中最高速力一九ノットに減じたが建造されなかった。ここで、ヴァルター教授はブローム・ウント・フォス社との間でヴァルター艦の建造契約を結んだ。だが、ゲルマニア造船は我が社こそが主設計者であると主張して議論の末、妥協の産物として両社で四二年中旬に一隻ずつ建造することになった。

　Ｗａ（ヴァルター）二〇一型（Ｕ７９４）はブローム・ウント・フォス社で四三年九月に進水し、ＷＫ（ヴァルター／クルップ）二〇一型（Ｕ７６４）はゲルマニア造船で四三年一〇月に進水したが、混乱防止のためにＷＫ二〇二型と改称された。この二艦は四三年一二月にバルト海ヘラで実験されたが、操艦性、推進機関、釣合システムなど多くの問題点が露呈した。ヴァルター推進システムと先進テクノロジーの結合は当時の技術レベルで完全に実現することができなかった。たとえば、潜水艦の完全自動深度調節装置の未開発や、大量消費の過酸化水素の生産、格納、補給システムの確立もあった。

　それでも四二年中旬に二隻の改良型実験艦の発注が行なわれた。ブローム・ウント・フォス社製はＵ７９３で四四年四月完成、ゲルマニア造船艦も同時期にＵ７９５として完成させて実験を繰り返した。ヴァルター・タービン一基で水中速力二四ノットと連続潜航四時間半を示したが、過酸化水素の制御と前方潜舵の欠如などの問題があった。すでにＵボート戦は退潮期にあり、エレクトロボート生産が決定されて四四年末に四隻のヴァルター艦は中止された。

　しかし、デーニッツ元帥の命令で三六隻のヴァルター艦が発注され、ブローム・ウント・フォス社製は一七Ｂ型、ゲルマニア造船所製は一七Ｇ型と呼ばれた。前記のＷａ二〇一／二〇二型より少し大きく魚雷発射管二門と予備魚雷四基とシュノーケル装置を装備した。ブローム・ウント・フォス社は三隻（Ｕ１４０５、１４０６、１４０７）を四四年一二月から四五年二月に引き渡したが五月の敗戦で自沈した。

　このヴァルター・ボートは起死回生兵器としてドイツ海軍やナチ党で支持され、多種の設計案があったが実用艦にはならなかった。四五年五月に英国が三隻を引き揚げて、Ｕ１４０５はスクラップとなり、Ｕ１４０６は米国で、Ｕ１４０７も英国で数年実験が行なわれたが実用性は得られなかった。

特殊潜航艇

1944年1月にイタリアのアンチオ海岸で発見された特殊潜航艇ネガー（黒人）。魚雷頭部に操縦席があり下部に魚雷を懸吊するが、約200隻が生産されて西方戦線で用いられた。

ネガーの改良型の特殊潜航艇マルダー（てん）で300隻が生産された。写真は操縦員のヴァルター・ゲルホルトで西方戦線で5000トン級船舶を沈めて騎士十字章を受章した。

フランス海岸に打ち上げられた特殊潜航艇ビーバー（海狸）で324隻が生産された。艇左右側面に２基の攻撃用魚雷を携行してＫ－特殊部隊が運用したが戦果は少なかった。

魚雷風艇体後部に操縦席のある特殊潜航艇モルヒ（山椒魚）で390隻が完成してイタリアやベルギーで作戦に投入されたが、やはり大きな戦果はあげられなかった。

移動用の特殊トレーラー上に搭載された17B型ゼーフントだが艇側面の魚雷2基は重量の関係で動力電池が通常の半分程度に減じられていた。

ドイツ特殊潜航艇の中ではもっとも潜航性能がよかったゼーフント（あざらし）の生産ライン。27B型と称されUボート番号が付されて67隻が完成した。

特殊潜航艇

一九四三年九月にノルウェーのフィヨルドの奥深くに潜み、連合軍の援ソ船団に脅威をあたえる戦艦ティルピッツが英X特殊潜航艇の奇襲攻撃を受けた。それに触発されて編成した海軍K－特殊部隊（クラインカンプフェルバンデ）により各種の特殊潜航艇が開発された。この分野はUボート艦隊を率いたデーニッツ元帥の低関心により英国、イタリア、日本よりも遅れたが、四三年～四四年にかけての一年間で九種一二八八隻を急建造したが連合軍に多大の損害をあたえることはできなかった。

ネガー（黒人）

通常のG7魚雷と既存資材を合体させ、艇体上部に丸型透明プラスチックの単座操縦席を設けた。全長八メートルの艇体下部に魚雷一基を懸吊して半潜没状態で航走するが、四四年に二〇〇隻が完成した。排水量二・七トン、一二馬力電動モーター推進で水上速力四・二ノット／水中三・二ノットで航続力三・五キロだった。操縦席が波を被り視界不良の欠点があったが秘匿性は高かった。また、丸型ハンドル操縦で電気断接レバー制御だが、速度調節機能や潜航機器などはなく、ほとんど魚雷のようだった。実戦では四四年春、連合軍のイタリア・アンチオ海岸上陸戦阻止に投入されたほか、同年夏のノルマンディ上陸戦で小規模運用されたが損害が多くて戦果は挙げられなかった。なお、ネガー型のハイ（さめ）は全長一一メートル、排水量三・五トン、水中速力三ノットで航続距離一〇〇キロに延びたが四四年に一隻建造の実験艇だった。

マルダー（てん）

ネガーの改良型はマルダーで深度一〇メートルまで潜航できたので、一応、潜水艦に分類された。上部艇体と下部魚雷合体型で魚雷は電池容量を五〇パーセントに減じた。魚雷発射はネガーと同様、海面上から行ない、乗員用丸型透明ハッチ開閉は外側からのみで作戦中の脱出は不能だった。作戦能力は一〇～一五時間で航続距離は五〇キロと短く排水量三トン以外はネガーと同じである。三〇〇隻が建造されてアンチオとノルマンディで小規模な補給船攻撃を行なっている。

ビーバー（海狸）

既述のネガー、マルダー同様に一人乗り特殊潜航艇で三二四隻が建造されたが、かなり洗練されていた。全長九メートルで排水量六・三トンの艇体左右側面に二基の魚雷を携行して航続距離は最大二〇八キロあり、潜航艇の電池容量増加のために魚雷推進電池を三三パーセントに減じていた。水上速力六・五ノット／水中五・三ノットで、一三馬力の電動モーターと三二馬力ガソリン・エンジン搭載だが、わずかな排気漏れが乗員の一酸化炭素中毒を起こし、また、作戦中の寒気や湿気が乗員を苦しめた。改良型はビーバー二型（アダムとも称した）だが生産されなかった。ビーバーをUボートに乗せてソビエトのムルマンスク港奇襲攻撃や、四発飛行艇のBv222へ搭載してエジプト奇襲などが計画されたが中止された。四四年末にフランスのセーヌ湾に哨戒配置されたが、強い潮流に流されて数隻が失われるなど効果的な運用はできなかった。

モルヒ（山椒魚）

ネガーの欠点を改良して潜航を可能にしたもので三九〇隻が建造された。後部に乗員一名を収容する管状艇体で、排水量一一トン、全長一〇・八メートル、一三・九馬力の電動推進型で水上速力四・三ノット／水中五ノットで最大航続距離は五〇～八〇キロである。側面に二本の魚雷を携行するが急設計で欠点が多かった。それでも四四年にイタリア戦域とベルギー方面の沿岸部で使用されたが戦果は乏しかった。

ヘヒト（かます）

ヘヒトは海軍総司令部（OKM）Uボート設計局で開発された、もっとも大型の特殊潜航艇で潜水艦分類で二七A型と称された。排水量一二・五トンで全長一二・五メートル、一三馬力電動モーター推進型で水上速力五・六ノット、水中六ノットで最大航続距離六四キロで、建造数は三隻（五〇隻説もある）である。乗員二名、艇下に魚雷一基と前部に機雷搭載可能だが、代わりに追加電池搭載で航続距離を五〇パーセント延伸してフロッグマン二名も同乗できた。欠点は母船で電池充電ができず母港に戻らねばならず、厳寒地や暖かい地中海での条件克服問題もあった。

ゼーフント（あざらし）

ヘヒトの改良型で二七B型と称してもっとも潜航性がよく洗練され、Uボート番号が付されて六七隻が建造された。二人乗りで全長一二メートル、排水量一四・九トンで時速は水上七ノット／水中六ノット、六〇馬力のディーゼル・エンジンと一二馬力電動モータ装備で航続距離は最大で四八〇キロである。側面に電池を五〇パーセントに減じた魚雷二基を搭載し、作戦日数は三日間（凪の日はまれ）で行動範囲は最大で四八〇キロだった。連合国空軍に制空権を握られ、夜間に港湾や沿岸部の攻撃目標付近へ数日かけて車両牽引で陸上移動する。このためにエレファント（像）あるいはゼートイフェル（海の神）と呼ぶ重量三〇トンの装軌自走式移動車が開発されたがまだ実験段階だった。

デルフィーン（いるか）

最後の開発はデルフィーン（いるか）で支援船とともに行動して攻撃目標へ針路を向けた後に乗員は脱出して他艇に救助される。排水量二・八トン、全長五・一メートル、一三馬力の電動方式で水上速力一九ノット、水中一五ノットで航続距離一〇キロ。武装は魚雷一基と機雷一基搭載で四四年に三隻製造された。なお、グロッサーデルフィン（大いるか）は排水量八トンで全長八・七メートルのヴァルター・タービン（過酸化水素燃料）の実験艇でＵ５７９０と呼ばれ、水上速力一七ノット、水中三〇ノット、魚雷二基と機雷二基を搭載するが設計段階だった。これらの特殊潜航艇は秘密兵器というよりも戦況の悪化から生まれたドイツ海軍の窮余の一策だった。

電動推進モーターのみの実験用特殊潜航艇デルフィーン（いるか）で艇下に魚雷を吊るか、艇尾に機雷を牽引して目標突入後に乗員が脱出する方式だった。

高速攻撃艇リンゼ/トルネドヴァル/シュリッテン

高速攻撃艇リンゼ（いんげん豆）は300～400キロの炸薬を搭載したモーターボートで時速35ノットで艦船攻撃を行なったが144隻が建造されて西方戦線で使用された。

高速攻撃艇リンゼ／トルネド／ヴァル／シュリッテン

リンゼ（いんげん豆）

一九四四年初頭に連合軍の特殊潜航艇攻撃の影響と戦況悪化から編制されたK－特殊部隊（クラインカンプフェルバンデ）は、ヘルムート・ヘイエ海軍少将に率いられて奇襲兵器と戦術開発を行ない、最初に生まれたのが高速攻撃艇リンゼ（いんげん豆）である。

この分野はイタリア海軍が先駆者で四一年にMTM社開発のモーターボート型高速攻撃艇を一〇〇隻余り保有していた。しかし、イタリアが四三年九月に連合軍に降伏して三〇隻ほどがドイツ国防軍情報機関「アプヴェーア」所属の特殊部隊ブランデンブルグ連隊へと引き継がれた。翌四四年に連合軍のアンチオ海岸上陸戦阻止に陸軍の管轄下で用いられたが効果的ではなかった。

リンゼは排水量一・八トン、長さ五・七五メートル、艇幅一・七五メートルで艇首に鉄枠を装備していた。機関は一軸九五馬力のフォードV8エンジンで最高時速三五ノット、搭載炸薬は三〇〇～四〇〇キロ、乗員は操縦士一名で随伴指揮艇は三名だった。

二隻のリンゼと指揮艇一隻で一個ロッテン（組）、四個ロッテンで一グルッペ（グループ）、四個グルッペで一個特殊大隊だった。

二隻のリンゼと後方を航走する指揮艇が目標へ三五ノット航走で突入するが、艇尾にある「緑」と「赤」灯の逐次点灯合図で、艇外へ脱出した乗員を追尾指揮艇が救助する。無人のリンゼは指揮艇の無線操縦で目標艦船へ衝突する圧力で信管が作動し、艇尾炸薬が七秒遅れで爆発する。この無線操縦装置は四三年初期に陸軍の地雷開窄用の履帯付き無線操縦小型爆薬運搬車B4から転用した。

ノルマンディ戦後の四四年夏に一二〇〇隻建造が決定し、二〇〇隻の生産がはじまり一四四隻が納入された。数少ない実戦例として四四年夏に三二隻編成の第二一一特殊大隊がノルマンディ海岸へ出撃して、フィジー級巡洋艦、コルベット艦、輸送船各一隻、および、駆逐艦二隻などを撃沈したとされる。

トルネド（竜巻）

リンゼの艇体構造材は「もみの木」利用で洋上高速航走に問題があり改良型の「トルネド（竜巻）」が設計された。これは、ユンカースJu52輸送機の水上機型のフロート二基の上に乗員室を設け、後上部にV1無人飛行爆弾のアルグス109－014パルスジェットを搭載し、艇首炸薬を七〇〇キロに増量したもので運用方法はリンゼと同様だった。しかし、当時、ヒトラーと国防軍最高司令部は英国攻撃のための報復兵器V1飛行爆弾を最優先させたためにロケット・エンジンの確保ができずに計画は中止された。

ヴァル（鯨）

もう一種の高速攻撃艇はヴァル（鯨）で乗員一名の小型高速モーターボートでノルマンディ戦直後に開発され、艇後部の二門の四五センチ魚雷発射管内に魚雷を装備した。三隻が建造されて時速は三五ノットから四二ノットで、特殊トレーラーにより目標付近の沿岸部まで陸上輸送で艦船攻撃に

ひとり乗りのカタマラン（双胴）タイプ艇で600馬力エンジンにより65ノットの高速が可能で、ひとときイギリス海軍泊地スカパフロー攻撃が計画された。(R. Murray)

用いる予定だったが、別種が選択されたために生産に入らなかった。

こうした高速攻撃艇が連合軍の厳重な港湾警戒線と防御火網を突破して目標船を攻撃することは至難であり、ドイツ海軍部隊は実用性のなさからオプファーカムパァ（犠牲戦闘）とか自殺艇などと自虐的に称していた。

シュリッテン（橇）

シュリッテンは一人乗りのカタマラン（双胴）タイプ艇で、六〇〇馬力ガソリン・エンジンで時速六五ノット、航続距離は一二〇キロ、爆薬は一・二トン搭載と強力だった。

第二〇〇爆撃航空団（ＫＧ２００）第六飛行中隊のハインケル１１１Ｚ（Ｈｅ１１１を二機連結）が、このシュリッテンを搭載したゴータＧｏ２４２グライダーを三機牽引して、英海軍泊地スカパフロー付近の海面に着水する艦船攻撃計画があったが、自殺的要素が高いために中止された。

磁気機雷/音響機雷/圧力波機雷

ドイツ海軍の秘密兵器のひとつで大型磁気機雷は空軍に提供されて空から英国の港湾や河口部に投下された。英軍は捕獲地から「シューベリーネス磁気機雷」と呼び、調査して対策を立てた。

磁気機雷／音響機雷／圧力波機雷

一次大戦、二次大戦と機雷戦はドイツ海軍の重要な戦術であり、英国沿岸、港湾、あるいは河口封鎖を目的に一二万六〇〇〇基の多種機雷をUボート、機雷敷設艦、駆逐艦、軽巡洋艦、S－高速魚雷艇、航空機で敷設し、船舶五三四隻一四〇万トンに損害をあたえた。

たとえば、BM機雷＝パラシュートなしの航空機投下機雷、EM機雷＝繋留瞬発機雷、FM機雷＝浅海設置の繋留機雷、KM機雷＝上陸阻止沿岸機雷、LM機雷＝パラシュート付き航空投下機雷、MT機雷＝魚雷発射管用の沈底機雷、OM機雷＝浮遊機雷、RM機雷＝沿岸用沈底機雷、SM機雷＝沈底磁気機雷、TM機雷＝魚雷発射管用の沈底磁気機雷、UM機雷＝対潜水艦触発機雷など多種あり、なかでも、磁気機雷、音響機雷、圧力波機雷は秘密兵器だった。

ドイツ海軍は二万トン級艦船を破壊できる大型磁気機雷を有していた。これは、磁気機雷で浅い海底に設置するが全長二メートルで炸薬三〇〇キロを充填していた。他

欧州は北半球北磁極で磁力が0.02ガウスで磁針（写真）は直下を指す。他方、磁力を有する艦船が上方を通過すると磁針が動いて起爆する巧妙な装置だった。

方、空軍も空中投下する他種の航空機雷を保有していたが、英独開戦直後の一九三九年一一月に海軍から秘密の大型磁気機雷の提供を受けて、テームズ河口のシューベリーネス浅瀬に投下したが、英軍に捕獲されて「シューベリーネス磁気機雷」と呼ばれた。

地球の磁場は地域で異なるが、北半球の磁極（欧州）は磁力〇・〇二ガウスで、機雷内臓磁石の指針が直下を指した。機雷の上を磁力を有する艦船が通過すると、機雷磁針の作動で連動スプリングが電気回路を閉鎖して起爆する。磁気機雷が海面上に露出すれば、水圧の減衰で内臓時限式クロック起爆で捕獲を防止する巧妙な装置が付属した。だが、磁場の歪みや艦船の方向性など複雑な条件が正確な作動に影響をあたえた。

英国は捕獲した磁気機雷を分析して、いくつかの対策を編み出した。ウェリントン爆撃機（ＤＷＩ）の機体下に大型円形の磁気探知装置を装備し、三五キロワットの発電機で三一〇アンペアの強力な電流を流して広範囲な磁場を発生させ、海面上三〜三〇メートルの低空飛行で機雷を爆発させた。また、並行航行する二隻の掃海艇の一方が一・六キロ長の電気ケーブルを、もう一隻はその三分の一の長さのケーブルを牽引して、三〇〇〇アンペアの電流を五秒間隔で流し、広い磁場を形成して機雷を爆発させた。そのほかにコイルの原理で船体にケーブルを巻き電流を流して「消磁」したりした。

音響機雷は艦船のスクリュー音やエンジン音を機雷内臓の集音マイクで拡大して一定の設定音源で起爆するが、電気振動の周波数二四〇ヘルツで作動した。また、この機雷は巧妙な欺瞞性メカニズムがあり、投下後、四〜五隻の艦船を通過させてから起爆するが、起爆クロック信号で細かい設定が可能だった。この音響機雷に対して英側は道路工事の削岩機を改造した騒音発生機を利用し、漁船や掃海艇に牽引させて一・六キロ〜八キロの範囲で機雷を起爆させた。

圧力波機雷は二次大戦末期に現われたが、浅い海底に設置されて船舶が起こす波の圧力を感知して爆発した。英国の実験では深度一八〜二七メートルで二・五センチ単位の圧力波を検知した。巡洋艦など大型艦船は六ノット以上、駆逐艦は一二ノット以上で起爆するが軽船舶では反応しなかった。この機雷は英国でオイスター（牡蠣）と呼ばれて危険視されたが一九四四年に四〇〇基ほどが設置されただけだった。なお、戦争終了時に磁気と音響のコンビネーション機雷が試作されたが、これは現在の機雷となった。

誘導魚雷FaT/LuT

TV(G7es)音響誘導電気魚雷ツァーンケーニッヒ概念図

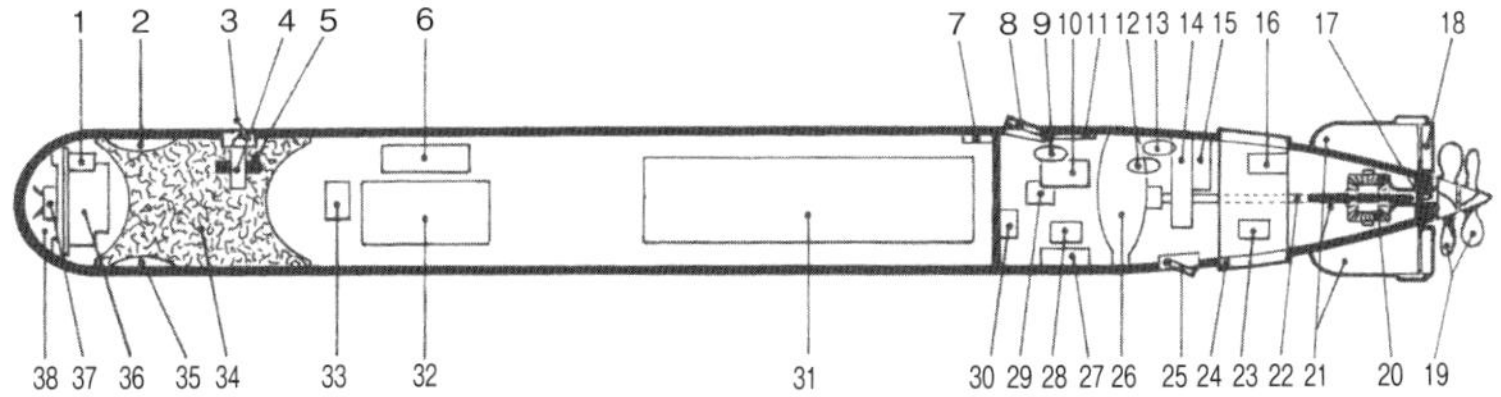

1.熱動安全継電器(リレー)　2.上部音源感知部　3.安全範囲調整プロペラ　4.Pi4c着発起爆ピストル(慣性)　5.TZ5磁気起爆ピストル感知部　6.4球真空管起爆ピストル増幅器回路　7.バッテリー保熱プラグ口　8.始動レバー　9.充電と誘導調整用のGスイッチ　10.誘導機器用発電機　11.Gスイッチ　12.深度調整装置部　13.ジャイロスコープ角調整　14.Ta1深度調節器　15.ジャイロスコープ　16.識別器　17.可動水平舵　18.可動舵　19.二重反転推進器　20.変速機（単推進・二重反転）　21.固定舵(4枚)　22.推進軸　23.補正装置　24.魚雷を巻いている送信コイル　25.レバー式スイッチ　26.主電動機(毎分1210回転40馬力)　27.起爆ピストル配電器　28.DCからACへの変換抵抗器　29.充電プラグ　30.電動機主スイッチ　31.バッテリー　32.気蓄器　33.信管中継器　34.KE1弾頭(274kg)　35.下部音源感知部　36.音源増幅　37.音源受　38.音源を水中聴音機に伝達するグリセリン／グリコール充填部

諸元：全長7.175m／直径533mm／重量1505kg(±31kg)　／雷速24ノット／射程5500m(余熱時)

ドイツ海軍の魚雷は電気式の「Ｇ７ｅ」か蒸気式の「Ｇ７ａ」であるが、1943年後半から少数だがＦａＴやＬｕＴ誘導魚雷あるいは音響魚雷など数種の新兵器が使用された。

誘導魚雷FaT／LuT

ドイツ海軍はUボート戦で連合軍の海上輸送航路破壊を狙った。そのUボートの唯一の攻撃兵器は高価な魚雷で七万基を生産して一万七〇〇〇基を発射した。うち九三〇〇基は無誘導魚雷で、「FaT」および「LuT」誘導魚雷は五〇〇基、音響魚雷は六〇〇基だった。ドイツ魚雷は魚雷設計番号のTⅠ、TⅡとG7aのような三文字表示だが、「a」は推進方式の蒸気機関を示し、「e」は電動である。したがって蒸気機関推進型は「G7a／TⅠ」、電動推進型は「G7e／TⅡ」である。

魚雷は撃ち放しから誘導方式へと発展して、従来のジャイロ・コントロールと針路誘導方式を合体させたFaT誘導魚雷が開発された。これはG7a／FaTⅠと呼ばれ、船団へ発射して一定距離航走後に三〇〇メートル半径で転回するパターンを繰り返すジグザグ運動で命中率を高めた。

つぎの誘導魚雷は一九四二年五月に現われた電動推進型のG7e／FATⅡで追尾する護衛艦へ艦尾発射管から発射する。やはり一定距離を航走後に回転とジグザグ運動で攻撃したが成功しなかった。戦争末期の四四年三月にFaTから発展したLuTⅠ（針路独立魚雷）が生まれた。これもジグザグ運動型で距離〇～一六〇〇メートル、雷速五ノット～二一ノットまで細かい調整ができた。この魚雷の蒸気推進型は「G7a／TⅠLuTⅠ」で、電気推進型はG7e／TⅡLuTⅡである。ただし、この魚雷は四四年末に七〇基ほどが短期間使用されただけだった。

四三年夏に艦船音源を探知して追尾攻撃する音響魚雷TⅣファルケ（鷹）が用いられたが、一〇〇基生産で三〇基ほど運用されたのみだった。同年九月に採用された音響魚雷「G7es／TⅤツァーンケーニッヒ（みそさざい）」は対護衛艦攻撃用で八〇基ほど使用した有効な魚雷だったが、連合軍はフォクサー騒音発生器で無効化をはかった。このために艦船の推進器音を正確に感知するG7es／TXI（11）ツァーンケーニッヒⅡが開発された。この魚雷を捕獲した米国はMk18で、英国ではMk11魚雷となった。

音響魚雷ガイアー（禿げ鷹）は八〇キロサイクル波長の信号を発して反射波の計測で魚雷舵角を決定するが、大戦終結時に生産段階にあったとされる。また、音響魚雷レルシェ（ひばり）は魚雷の推進軸からコードを繰り出して左右旋回、ジャイロスコープ作動など五種の運動を遠隔操縦で制御した。まだ実験段階だったが、のちに各国海軍で活用された。

最後に実用化には至らなかったが先進的なヴァルター・タービン魚雷が開発され、G7utTⅦシュタインバルシェ（鳥の止まり木）と称した。油脂燃料（デリカン）、酸化剤（インゴリン）、真水（冷却用）、促進剤（ヘルマン）、圧縮空気（加圧用）の五種を用いて発生する高圧蒸気でタービンを駆動し、雷速四五ノットに調整した。このほかにユンカース社提案のM5魚雷は酸素と排気ガスを混合して従来エンジンへ供給する循環型推進システム（クローズドサイクル）だった。また、オットー・エンジン（ガソリン・エンジン）魚雷やロケット推進魚雷も研究された。

ジャイロ凧
バッハシュテルツェ

Ｆａ330バッハシュテルツェ（鶺鴒）は分解組み立てが簡単なＵボート艦上で牽引使用する偵察用の無動力ジャイロ凧だが大型艦以外では運用が難しく実戦使用は少なかった。

ジャイロ凧バッハシュテルツェ

回転翼（ヘリコプター）製造会社で知られるラウプハイムのフォッケ・アハゲリス社は、一九四二年初期にＵボート艦上での観測飛行用の一人乗りジャイロ凧の開発を要請された。これは、Ｆａ３３０バッハシュテルツェ（鶺鴒）と称され、分解と組み立てが簡単でＵボートのハッチから数分で容易に出し入れできた。

二本の鋼管構造で水平管はパイロット席、操縦装置、着陸橇、尾翼を支え、垂直管は大きな三枚のローター（回転翼）を支えていた。動力はなくＵボート牽引で気流の揚力で合板製ローターを回転させて上昇するが回転ピッチは飛翔前に調整された。機上のパイロットは操縦桿で上下と左右運動、ペダルで方向性を得たが巧妙な設計だった。パイロット訓練はパリ付近ムードンの風洞で行なわれたが、一〇秒間の手放し飛行が可能なほど安定していた。牽引ケーブル長は一五〇メートルで高度一二〇メートルを維持でき、四〇キロほどの好視界が得られ、通常視界は八キロ程度であり、じつに五倍の視界で洋上監視が効果的だった。

牽引具に仕込まれたケーブルで母艦とジャイロ凧の乗員は接続され、緊急の場合は電話連絡で乗員が頭上のレバーを引いて牽引ケーブルを外す。ローターを上方へ飛ばしてパラシュート開傘で海上へ降下し、戻ったＵボートが海上のパイロットとジャイロ凧をウィンチで回収した。ローター直径七・三二メートル、全長四・四メートル、自重八二キロ、常用時速二七キロである。

生産はＦａ２２３ヘリコプターやＦｗ１９０戦闘機の機体を生産していたブレーメン近郊のヴェザー・フルッグツォイクバウ社で行なわれて約二〇〇機が納入された。の

Ｕボート艦上で運用試験中のＦａ330バッハシュテルツェ（200機ほど製造された）で高度120メートルを維持して40キロ程度の良好な偵察視界が得られた。

ちにローター直径を八・五三メートルとし、簡単な着陸車輪が装着された。また、Ｆａ３３６は六〇馬力の進化型の設計提案である。

水上七四〇／水中八五六トンの主力ＵボートⅦＣ型は小さく搭載不適当で、長距離航洋タイプで一一二〇／一二三一トンの九型か、一六一六／一八〇四トンの九Ｄ二型に搭載された。しかし、どの程度配備され、戦場でどう使用されたのかの記録はあまり知られていない。これは、緊急時の扱いが難しいことや、連合軍の対潜水艦対策の向上で洋上における船団捜索の余裕がなくなったという背景があった。それでも、四二年中旬から比較的警戒の薄い南大西洋のアデン湾やインド洋などで用いられた。たとえば、Ｕ－８６１（９Ｄ２型）はマダガスカル島沖のインド洋でジャイロ凧で洋上偵察を行なっている。また、四三年夏の日独協力作戦中にスラバヤでジャイロ凧と水上機を交換して使用されたといわれる。しかし、ドイツＵボートは連合軍に次第に制圧されてしまいジャイロ凧の登場場面もなくなった。

【主要参考文献】

BIOS Report: The British Intelligence Objective Sub-Committee, U.K.
CIOS Repot: Combined Intelligence Objectives Sub-Committee, U.K.
Deutsche Schwere Morser, Von Joachim Englemann, Podzun-Pallas-Verlag, 1973. Germany.
Encyclopedia of German Tanks of World War Two, By Doyle/Chamberlain, Arms Armour Press, 1978, U.K.
Flying Wings of the Horten Brothers, By Hans Peter Dabrowski, Schiffer Military History book 1995, U.S.A.
German Aircraft of the Second World War, By Smith & Kay, Putonam, 1972, U.K.
German Armored Rarities 1935-1945, By Michael Sowodny, Schiffer Military History, 1998, U.S.A.
German Guided Missiles, By Heinz J. Nowarra, Schiffer Military History, 1993, U.S.A.
German Railroad Guns in action, Squadron/Signal Publications, 1976, U.S.A.
German Rocket Launchers In WW2, By Joachim Engleman, Schiefer Military History, 1990, U.S.A.
German Secret Weapons of the Second World War, by Ian V. Hogg, Green Hill Books., 1999. U.K.
Germany's Secret Weapons in World War 2, By Roger Ford, MBI Publishing Company, 2000, U.S.A.
Henschel Hs129. By Janusz Ledwoch, Wudawnictwo Militgaria, 1996, Poland.
Junkers Ju88, By Brian Filley, Squadron/Signal Publications, 1991, U.S.A.
Kradtfahrzeuge und Panzer der Reichswehr, Wehrmacht und Bundeswehr, Werer Oswald, Motorbuch Verlag, 1970, Germany.
Maus, By Michael Sawondy & Kai Bracher, Schiffer Publishing Ltd., 1989, U.S.A.
Midget Submarines of the Second World War, By Paul Kemp, Caxton Editions, 2003, U.K.
Natter: Bachem Ba349, By Joachim Dressel, Schiffer Military History, 1994, U.S.A.
Panther, By Uwe Feist & Bruce Culver, Ryton Publications, U.S.A.
Publication of The German-Canadian Museum of Applied History: The V2 and the Russian and American Rocket Program, By Claus Reuter, Private Publication, Canada.
Report on German Scientific Establishments, By Colonel Leslie E. Simon, Office of Technical Services, United States Department of Commerce. U.S.A.
Secret Weapons of the Third Reich: German Research in World War 2, By Leslie E. Simon, We Inc., U.S.A., 1971.
Small Arms, Artillery and Special Weapons of the Third Reich, By Terry Gander and Peter Chamberlain, Macdonald and Janes, 1978, U.K.
The German Assault Rifle 1935-1945, By Peter R. Senrich, Paladin Press, 1987, U.S.A.
The Marshall Cavendish Illustrated Encyclopedia of World War 2, Vol.1~Vol.24 Marshall Cavendish Corporation, 1972, U.S.A.
The Rocket Team, by Fredick I. Ordway III / Mitchell R. Sharpe, Heinemann, 1979, U.K.
The Secret War, By Brian Johnson, British Broadcasting Corporation, 1978, U.K.
The Type 21 U-Boat, By Fritz Kohl and Eberhard Rossler, Conway Maritime Press, 1991, U.K.
The U-Boat Offensive 1914-1945, By V.E. Tarant, Naval Institute Press, U.S.A.
U-Boat Fact File 1935-1945, By Peter Sharpe, Midland Publishing Limited, 1998, U.K.
U-Boats, By David Miller, Conway Maritime Press, 2000, U.K.
V2 Dawn of the Rocket Age, By Joachim Englemann, Schifer Military History, 1985, U.S.A.
V3 : The Pump Gun, Peter Thompson, ISO Publications, 1999, U.K.
Vom Original Zum Modell; Uboot type XXIII, Eberhard Rossler/Fritz Kohl, Bernard & Greafe Verlag, 1993, Germany.
Waffen Revue: No.24, No.36, No.63, No.64, No65, No77, Journal-Verlag, Germany
Warplanes of the Third Reich, By William Green, Macdonald, 1970, U.K.
Weapons and Warfare, Vol1~Vol.25, Purnell & Sons Ltd., 1967/1977, U.S.A.
「ドイツの傑作兵器駄作兵器」広田厚司著、潮書房光人社、２０００年
「続ドイツの傑作兵器駄作兵器」広田厚司著、潮書房光人社刊、２００１年
「へんな兵器」広田厚司著、潮書房光人社刊、２０１０年
「ＷＷⅡドイツの特殊作戦」広田厚司著、潮書房光人社刊、２０１１年

ドイツ秘密兵器

2018年10月11日　第1刷発行

著　者　広田厚司

発行者　皆川豪志

発行所　株式会社　潮書房光人新社

〒100-8077
東京都千代田区大手町1-7-2
電話番号／03-6281-9891（代）
http://www.kojinsha.co.jp

印刷製本　サンケイ総合印刷株式会社

定価はカバーに表示してあります。
乱丁、落丁のものはお取り替え致します。本文は中性紙を使用

ISBN978-4-7698-1664-5 C0095